**本书是目前国内市场上第一本**
**全面论述金弹子盆景的实力著作**

# 金弹子
# 树桩盆景
## JINDANZI SHUZHUANG PENJING

曹明君 编著

中国林业出版社

**图书在版编目(CIP)数据**

金弹子树桩盆景 / 曹明君编著 . — 北京：中国林
业出版社，2017.8（2024.1 重印）
ISBN 978-7-5038-9232-5

Ⅰ. ①金… Ⅱ. ①曹… Ⅲ. ①盆景－观赏园艺 Ⅳ.
① S688.1

中国版本图书馆 CIP 数据核字（2017）第 190670 号

---

**责任编辑：张华**

**出版** 中国林业出版社（100009　北京西城区德内大街刘海胡同 7 号）
　　　　http://lycb.forestry.gov.cn　 电话：（010)83143566
　　　　E-mail: shula5@163.com
**发行** 中国林业出版社
**印刷** 河北京平诚乾印刷有限公司
**版次** 2017 年 10 月第 1 版
**印次** 2024 年 1 月第 7 次
**开本** 710mm×1000mm　1/16
**印张** 15
**字数** 385 千字
**定价** 69.00 元

# 前　言　PREFACE

2003 年，我编著的《树桩盆景实用技艺手册》一书出版后，在盆景业内受到好评，多次重印再版。2007 年，我的《杂谈金弹子》栏目在盆景艺术在线一经推出，便长盛不衰延续至今。2010 年 6 月《树桩盆景技艺图说》出版之后，有网友对我说写一本关于金弹子的书吧，以填补市场空白。考虑到金弹子的开发力度为各盆景树种之首，有广阔的发展前景，并且有一群狂热的爱好者。于是就动手慢慢写成初稿，中国林业出版社正好要打造盆景树种系列丛书，于是就有了《金弹子树桩盆景》一书。

本书为金弹子树桩盆景的技术发展和广泛影响而摇旗呐喊，探究金弹子的生物学特性和栽培学特征，着重介绍金弹子适合做盆景的各方面特点和小苗育桩及生桩栽培技术，并且对金弹子的市场现状、资源开发与利用、造型形式、内涵挖掘方式、各类制作者的技术风格方式等做了详细阐述。写的是金弹子，表现的是改革开放树桩盆景的群众性活动的成果，用的作品代表的是树桩盆景的创作原理和方法，体现的是树桩盆景一斑中可以见出的全貌。你可从本书中看出金弹子是受到怎样的喜爱和开发力度，可以见证重庆及周边地区对金弹子的文化理论研究与实际制作作品达到的高度和宽度。

开始我想《金弹子树桩盆景》一书只会是一本小册子，因为它只是一个树种的书，也不成想拉拉沓沓汇成了洋洋大观，虽增加了读者的经济负担，但对得起大家想全面了解金弹子的愿望。

书中涉及的制作者简介不作拔高，只对技艺格调做简单述说。对作品获奖等级一般不作具体介绍，好坏任由观赏者自己去理解和评说，如有不当和不足之处敬请制作者谅解。

在此要感谢为本书作出支持的友人，尤其是网上的朋友，素未谋面也予我热心帮助，他们没有任何保守和要求，一心为了维护心目中的金弹子，主动给我提供信息、作品、照片、建议。我也只能在心里面感谢和祝福他们，好人必有好报，不知姓名的图片提供者不在书里做单独标注。希望本书能一如既往，继续得到广大读者的喜爱和热情购买，那我的努力就值得了。

本书编写过程中虽力求资料完整准确，但匆忙中难免有疏漏或重复的地方，恳请读者谅解并予以纠正。

曹明君

2017 年 3 月 28 日

# 目 录 CONTENTS

制作　裴家庆

# 金弹子树桩盆景
# 发展概况

# 关于树桩盆景

《林野苍茫》

制作　高云
收藏　王其富
形式　根连丛林式
规格　盆长 160 厘米

　　颖者乐树，树桩盆景是人驭使有生命的树木及配景材料在盆内造型成景赋意的艺术活动。是中国文化与文明的组成部分。树桩盆景作为中国独创的文化遗产，自古以来没有被战争、动乱、饥荒所放弃，也不为政治、经济、文化的无奈而消亡，它在中国的文化社会环境里顽强地自我生存，在民间流传兴盛，不愧为真正的、独创的艺术和国粹。改革开放百业大兴，树桩盆景紧随社会经济文化的发展，不落于后。无需号召，广大爱好者群体自发而积极地投身树桩盆景活动，低端、中端、高端蓬勃开展，人才、素材、作品、资源、市场、理论、认识、技艺全面提升，说明了树桩盆景与生俱来的强大生命力，勤者艺桩，爱好树桩盆景的人士是创造树桩盆景历史的强大动力，形成了历史以来树桩盆景发展的最好形势。

第八届中国盆景展览中的金弹子盆景，它的发展以多元化形式走向全国

室有树石雅，胸无尘俗清。家庭客厅应用金弹子盆景美化居室环境，提升了家庭的文明

盆景对环境的美化作用效果明显，提升了环境形象

# 树桩盆景树种的选择

　　进行树桩盆景活动必然要涉及盆景树种，树种是盆景实践的对象，是不可回避的选择。树木中有许多种类，可用作树桩盆景。盆景树种根据树桩盆景的美学原则和它在盆内生长的适应性作出选择。要求应用的树种根好、干曲节或怪异、桩形优，形式好、叶小、形佳、色丽、花好、果硕的为主要条件。

　　对盆景树种的生长适应性则要求易成活，耐修剪，萌发力好，生长缓慢，生理适应性强，寿命长，耐移栽、耐旱、耐涝、耐肥、耐贫瘠，喜光耐阴，病虫害少，尤以能在室内较长时间存放的树种为好。有花香、色美、果硕的更佳，另外有文化品位与生理条件相融合的，更是上品。耐寒也是一个重要条件，黄葛树、小叶榕、福建茶、九里香等树种，不耐严寒，不易在寒冷地带露地越冬，就难于在广大的北方普及应用。

　　能满足盆景美学标准又能满足栽培选择标准的树种很少，有的树种能满足此条件，不能具备彼条件，有的叶好但干不老、体态不大，如红枫、罗汉松。有的叶、花、果均好，树型却不好，如火棘。有的根、干、枝较佳，但叶太

树根悬垂，树干虬曲，树枝坚韧，树叶形小常绿，花香果硕。
从此可以看出金弹子作为树桩盆景树种的优良性状

制作　高云
树种　金弹子
形式　悬崖式
规格　横长100厘米

大，如黄葛树、小叶榕、岩豆。还有的造型性能不佳，有的树在民间有文化和故事，但移栽性能不好，成活困难，如松树、山杜鹃。雀梅叶小，形好，有辉煌的名作。但栽种的人士和地区认为雀梅在枝条成型后有"回枝"的现象，"功成名就"后局部会枯亡。只能得一段时期的欣赏，不可永世流芳。金弹子就少有回枝现象的顾虑，是可长久流传的树种。

以盆景美学和树桩栽培学综合评定，各种条件俱佳的树种极少。因而盆景应用树种非常多，好树种却少。树种的优点不能全都具备，只能加以合理利用，张扬其优点，克服其不足。在种类繁多的树种中，有形态条件好的个别树

金弹子出桩，好养，耐看，易萌发，寿命长，可观果，不缩枝，盆景学优良性状明显，受到喜爱，得到普及

制作　胡世勋

九重葛能造型，有优良的过渡枝，长速快，易成形，有众多优秀形态且有个性的作品。就是在北方越冬防冻的管理技术繁复，难于在寒冷的地区大量推广，只适宜在南方地区应用

制作　梁朝琛

罗汉松盆景学特性优秀，有松风松韵，成作品后不乏震撼力。也少资源，这样的罗汉松作品也是不可多得的

金弹子不乏这样的高难多变桩坯资源，美观耐看，栽培性强。就是缺少好品相和变化多端的姿态

制作　裴家庆

桩，能产生耀眼的光辉。常见树种中，金弹子、榆树、雀梅、罗汉松、五针松、对节白蜡、榕树、九里香、中华蚊母，有优良的盆景学特性，而金弹子有更多的特点符合优秀盆景树种的条件。

在盆景的实践中网友"没花桩"的看法是"选好树种——金弹子，选奇桩——金弹子，选开花挂果美的品种——金弹子，选寿命长的桩——金弹子，选具有中国特色的东西——金弹子，玩别国没有的盆景——金弹子"，这代表了盆景人士对金弹子树种的看法。

金弹子就有这样的桩坯出现，形式多、变化大、难度高，其作品真实自然，反应的题材丰富，画意强、诗意浓，引人入胜

制作　金月忠

## 树种选择条件表

| 叶 | 叶小，有光泽，形状好，色泽佳，有自身变化，易萌发，颜色有季节变化，易于形成小叶 |
|---|---|
| 干 | 有弯曲变化，下大上小，有孔洞、水线、疙瘩、变异、老态，走势好，动感、力量强，有好的基隆，有独特的形态，细瘦雄奇 |
| 根 | 能悬露、蟠曲、隆起、伏地，与干配合有力度，结构合理，走势协调，四歧分布 |
| 枝 | 粗壮有力，分布好，萌发强，能形成造型效果，寿命长 |
| 花 | 比例佳，色好，有香味，极小者成簇生状态，色彩丰富有变化 |
| 果 | 形好，果叶比例佳，色泽艳丽醒目，能啖，有文化内含 |
| 生长适应性 | 耐水、耐旱、耐贫瘠、耐肥、耐光、耐阴、耐寒、耐高温、移栽性好，萌发力强，生长快，病虫害少，入室存放时间长。寿命长，能传世 |

# 金弹子是树桩盆景的优秀树种

　　树桩盆景的树种在爱好者心目中，因各自条件不同而各有所爱，受到共同喜爱并得到广泛应用的只有几个少有的树种，金弹子因其天性优良，而成为其中的佼佼者，受到了全国盆景人士的普遍喜爱。许多不热爱树桩盆景的人也认识了解金弹子。

　　金弹子自然生长不成木材，四川省和重庆市农村用作薪材，砍来取暖、烧火做饭，未见其他用途。但在树桩盆景中就有不俗的表现。金弹子综合条件好，其桩形优，多变化，叶小，亚种多，能变异，树皮黑色，树叶油绿，根好，枝有力度和硬度，耐修剪，易萌发，耐阴能入室，耐湿可水培，耐寒易过冬，耐旱不惧高温，病虫害少，秃根易成活，寿命长，移栽性能好，常绿，又有花香果美可啖，形式多变能出高品位的桩，有较多的异形式诞生，树根可以出作品，传统的作品流传的不少，在盆景树种中难能可贵，是树桩盆景的优秀树种。

金弹子的盆景学性状更多的符合这个选桩标准，叶小有变化，色好，花香，果美可啖，变化多，比例佳，树干多变，根系发达，生长适应性极强，寿命长，可传世

制作　高云

盆内连根拔起，移栽容易成活

除去大量须根后，也可顺利栽活，移栽可以不出现缓苗

截去大量根系后可以顺利成活，这是金弹子的盆景学优良特性

提供者　王建华

《仙境》

金弹子的可玩性胜过许多树种，不在于用古老的树桩做作品，《仙境》用中小型的素材组合的丛林，达到了引人入胜、返璞归真、回归自然、人在画中游的境界

制作　任德华
树种　金弹子
形式　组合丛林式
规格　盆长170厘米

《无限风光在险峰》

制作　高云

《天物》

金弹子形态变化极大，姿态复杂，难度高，小树干连接大的根和干，也可顺利成活，体现出它极大的盆栽优越性能

制作　左世新

金弹子树桩盆景发展概况

# 金弹子好桩坯屡见不鲜

铜梁人水培方式栽植的金弹子
已经超过4年的时间，跨越了
两届盆景展览

金弹子用作树桩盆景，以自然类为主。在自然类中，可做直干、曲干、斜干、树山式、象形式、根连丛林式、悬崖式、附石式、水旱式、丛林式、异形式。还有以铜梁盆景人左世新为代表的根艺形式。枝片造型可用川派大枝，海派剪扎结合、岭南派的截枝蓄干等多种方法造型。能适应的形式和技术范围全面。

其生长适应性尤佳，耐旱、耐水、喜肥沃、耐贫瘠，喜光耐阴，室内陈设时间可达两月以上。寿命极长，可成传世之作。其木质坚硬，砍伤的木质层与水、空气作用能炭化而不腐朽，枝条刚劲有力，叶小光亮常绿，红果似珠，比例恰当，与树叶等大。生长速度极慢，萌发力较强，成形后不易变形，不易失枝枯叶。修剪后无叶的枝条可以发芽，回缩树枝容易，培养过渡枝、养成鸡爪枝也比较容易。

金弹子适宜表达山水树木竞美的景观，也能形成风格。乡土树种只要善于利用，就能大放异彩。重庆盆景人以金弹子为主导树种，以山采为来源，桩和形景意结合，桩相多变，难异新奇，不在大和古而在韵味，努力发掘最佳姿态。枝条清古瘦劲，枝形细致，寥寥几枝写意性强，观赏期长，持久耐看，既看树桩又看树姿，注重蕴含，形成了清奇古雅、较有特色的重庆地方风格。

金弹子好桩坯屡见不鲜，其生长适应性强、观果性独特而受到全国盆景人士的喜爱。

《天际》

吸水石上的种子苗长出来的丛林。是玩金弹子盆景的简便方法，不花钱就可玩金弹子，还可极大地享受玩金弹子盆景的整个制作过程，乐在其中

制作　熊长风
树种　金弹子
形式　附石式
规格　盆长50厘米

随着金弹子在全国的宣传普及推广，其走向世界也是指日可待的。

本书也是为了顺应金弹子树桩盆景的发展形势，应读者和爱好者的要求，站在树桩盆景全局上而编写而为它服务的。

金弹子以它独有特点和技术方式受人的喜爱和关注。图为第八届中国盆景展会上受关注的金弹子盆景

摄影　左世新

盆景展览上备受欢迎的金弹子盆景

摄影　左世新

# 金弹子的推广流行

金弹子以其叶小、桩好多姿、花香果美变化大、容易栽培、取材容易等特点，成为川渝盆景不二选择的乡土树种，既做规律类也做自然类，成为成、渝两地的当家树种。川渝盆景人士在金弹子树桩盆景中的发现、坚持、应用、推广，使其得以在本土繁衍，现又在重庆盆景人的推动下，成为在全国大力发展、趋势较强的优秀盆景树种，看桩看叶又观果。重庆盆景人注重桩忽视雌雄能否结果，成都盆景人重视观果，收集好品种嫁接为观果的树桩，发掘优良健性树种的观赏作用和经济价值。

金弹子分布地域窄，只是一个地区性的乡土树种，最早在川渝应用，成都为甚，重庆得资源的地利，得改革开放经济文化蓬勃发展的天时，又有盆景爱好者的实践和理论推动的人和，树桩盆景后来居上，为金弹子盆景的全国性普及和发展做出了较大的贡献。它的多种盆景学特征的优势对树桩盆景全局影响甚大。经过重庆盆景人在网上强劲的交流推动，全国的盆景人士都认识到金弹子优秀的盆景学特性，通过各种渠道尤其是邮购快递的方式，积极收集金弹子树桩。金弹子作为树桩盆景的优秀资源在快速发展。国内众多盆景爱好者以拥有金弹子盆景为幸事。尤其是业余的普通树桩盆景爱好者更甚，喜欢拥有几盆金弹子结果的盆景，他们购买金弹子桩材，不在于难度高，不在于桩形大，根据自己的条件姿态过得去就行，全在于金弹子的品种，掀起了一个全国性网购的热潮。高端制作者和收藏者深入产地，搜寻顶级桩坯。众多的爱好者多方淘宝，找到有更大价值的材料以供制作。从一地发展到全国的喜爱和应用，说明金弹子在树桩盆景的观赏和各性能方面的优异。还有不少人士用种子苗和扦插繁殖，从小苗做起，为将来的树桩盆景积蓄资源。

# 金弹子生物学特性

# 金弹子形态特征

　　金弹子在重庆沿用了农村的习惯称黑塔子。因其根干枝均为黑色，其叶墨绿发亮，野外生长树相下大上小呈塔形，故有其名。成都过去称瓶兰花，因其花形如大肚翻口卷边的老式玻璃花瓶，其香似兰，由此而得名。后来成都以其金红色的弹珠果子称为金弹子，由于此一典型的特征，又无准确的统称，金弹子的称呼以果取胜，易记上口而家喻户晓、全国通用。成渝两地的名称皆以其外形的某些特点而命名，农村各地还有不同的称呼，如野柿子、油柿子、鼎锅盖、刺柿等。一般的植物学书上难于见到对金弹子的介绍，只有盆景书籍有描述，缺乏植物学的权威论述。

　　金弹子属双子叶植物纲，柿科柿属，有不同的亚种。常绿灌木或小乔木。叶卵形，互生，全缘，无托叶，多数有枝状刺，刺上有叶还能着生花和果。花多单性异株，也有杂性，偶有雌雄同株，雌花雄花生于一树，但只能结几个小果，观赏价值不高。雄花多生于叶腋和小枝上，簇生为聚伞花序次第开放，也单生于叶腋。雌花单生于叶腋，2朵以上多生于结果小枝及刺枝上。花形瓶状，辐射对称，花萼3～7裂，4裂为主，宿存，结果时随果扩大。花脱落，有兰花味清香，气味纯正，沁人肺腑，食之具香甜味，如洋槐花之清醇。

　　浆果肉质，形状有圆、扁圆、椭圆形、圆锥形及至冬瓜、葫芦、茄子各形的异化，品种间变化大。有种子2～6枚。木质坚硬，生长极慢。

　　根系有分蘖性，时间久的植株浅层根上萌生较多新个体长出，可以随地形连续长成，新生于几米以外。盆内成熟的小山低地金弹子可以生发多数新苗。在盆中见有根蘖芽萌生的必定是根系成熟的金弹子。

　　根蘖苗是证明树桩根系成熟的标志。母树可用来繁殖，长出的根蘖芽难于根除干净，它们总是会顽强地长出来，与树体争养分肥料，于栽培和造型观赏不利。扒开泥土，可以看到根蘖苗的生长情况，分布在老根的各个阶段上，连绵不断地生长发出，数量多。利用这一性状可以得到母本的植株，可以得到根连的造型。

金弹子的根蘖芽

枝刺的着生状况，地栽多刺枝，刺枝上也能结果

盆栽枝刺难于发育，较少见到在盆内旺盛生长刺状枝

制作　刘松飞

树叶全缘，没有锯齿状的边缘，没有缺裂。单叶的各种形状中以卵形叶最多

单叶的互生状况，叶腋可以生长新枝

二　金弹子生物学特性

15

# 金弹子生长习性与分布

　　金弹子生长在海拔1000米左右地区，灌木性的小山金弹子生长在500米以下地区，高山性的金弹子生长在高寒山区，呈高大乔木性状。成片生于林中大树下或山坡岩坎处，根蘖性强，可在根上连续发生多数体量接近的植株，而无明显的主客差别。生于坡岩受石树压制，经历大自然和人为的摧残，金弹子不屈不挠，依然以苍骨嶙峋、虬曲凹凸、次第抽节、砍伐处木质炭化不腐来延续生命，成为人们追求树桩品性、姿态、苍老、难度、以小映大、瘦皱透露、形式变化、动感韵味、意趣，追求自然美、追求生命美的一种载体。

　　灌木性的金弹子分布在成渝周边范围，又以重庆周边为多为好，成都以西进入高寒地区分布少。川渝外围周边的湖北、湖南、陕西、贵州有分布，也是临近川渝的少数地区少量有分布。这些区域分布的数量少，桩形变化小，品种多为乔木性的高大亚种，成活生长好，树叶偏大结果性能不佳。但因金弹子的变异性强，也有少数小叶和结果好的亚种。贵州接近川渝地区的大型金弹子有变化的桩坯较多较好，资源丰富，被全国收藏级的大家关注。

　　江苏、浙江、安徽有同科的亚种落叶小灌木的老鸦柿分布。其树干细小，落叶，其余性状与金弹子相同。老鸦柿结果性好，果形、果色变化更大更多。其果子的辣椒形和果色的乌黑、黄紫为金弹子不可比。作为观果树种优于金弹子，被江南的树桩盆景爱好者所喜好。虽然老鸦柿缺大和变化的桩坯，但易栽培成活和结果十分容易，因而在出产地区发展起来，形成了庞大的爱好者队伍，作品数量也较多。

老鸦柿

制作　王炘

# 金弹子品种间叶形变化情况

　　叶的大小变化有分类学的和生长条件的自身变化之区别。金弹子的叶的变化也有两种，一种不是指的生长因素引发的变化，而是分类学上的变化，也就是分类的亚种间的区别，是与生俱来的性状，不是生长条件变化引起的性状不同的表现，它的这种性状是固定不变的。另一种就是同一树上，同一枝条上生长条件不同、时间不同也有叶形的自身变化。

　　这种同一树上出现的叶形变化在植物学上叫做异形叶性，是植物在不同环境的影响下，个体发育的不同阶段所发生的叶的变异，在同一植株和枝条上出现不同形态的树叶的特性。

　　异形叶性的现象在金弹子上也有表现，早春的树枝是在冬季的芽内已经形成的，发芽早气温低，叶形和大小就不同于在生长季节枝条生长时陆续形成的叶形。金弹子这一现象在不同亚种间是不一样的，有的品种不出现这一变化，而出现异形叶性的不在少数，时常都可观察得到。是各个时间段叶形叶性的集中表现。

　　1. 圆形叶：直径基本相等。
　　2. 披针形叶：长宽比例为2：1以上。

金弹子变异的鸡冠状顶芽

叶形的差异和变化

柳形的小叶金弹子，是观叶的优良品种之一

金弹子较小的柳形叶，是亚种的性状。小手指的宽度可以排列三张树叶。树枝上还可观察到芽和刺枝

图片来自　盆景网友

一株金弹子在同一树上出现的卵形叶、圆形叶、柳形叶同时共生的三种变化

3. 柳形叶：长大于宽。

4. 卵形叶：椭圆形，两端尖，长宽比例 1.4：1，是基本叶形。

5. 倒卵形叶：先端宽后面窄。

金弹子的卵形叶最多，柳叶常见，圆形叶少见。因栽培因素不同，偶见有变异的洒金叶，呈现局部黄色或斑点。

金弹子叶色深绿发亮，其发芽力极强，枝条各部位都可萌发。主干、根基、根上都可萌生不定芽，十分有利于部位培育造型枝。这种萌发力是乔木类树种极难具有的。其枝条生长增粗缓慢，成型后不易破坏原有的造型比例和风格，维持原型的工作量小。它新芽的萌发力十分强，只要水分、肥分、温度适宜，春、夏、秋三季都能不断发芽长新叶。

满树修剪后一个月内可以在枝节的尽头萌生多个新芽，这是金弹子树枝造型做多级小枝，形成鸡爪枝、鹿角枝组合过渡良好的先决条件。否则放长有了粗度却没有结构合理的后位枝条的布局，出不了观骨的姿态。这是金弹子在盆景学方面的优良条件，与修剪成无芽枝就不发芽或难发芽的树种相比，又有更加优良的造型性。

金弹子树叶的大小通过控制水

金弹子树叶的形状和大小比较图。可以看出叶形在
一个树枝上的形状变化

分、季节、温度和摘叶、剪枝等手段，比较好塑造小叶。如长期干旱整体树叶
面积发育不足，会形成满树小叶；如果水分多，或发芽期遇到连续雨天，新叶
就会偏大，这是可以感觉出来的。秋季新叶较春叶小1/3～1/2，这可以明显看
出来，比较后更可以辨别。温度低的早春出叶小，仲春出叶大些。修剪后会发
生新叶，这种新叶小于正常发生的树叶。

熟桩一年可于春及夏末二次摘叶，摘后可生发满树小的新叶。

初步的观察，卵形叶小枝的第一和第二叶上出现圆形叶的数量不少见。有
在同一金弹子树上出现卵形叶、圆形叶、柳形叶共生的多种变化。

异形叶性的大小和形状均有
不同

金弹子不同品种之间叶的
大小变化

同一枝条上出现的叶形大小
和形状的不同变化，有圆形
叶、卵形倒卵形叶。低温多
为圆形小叶，常温多为卵
形叶

# 如何辨别皱叶和小叶品种

金弹子的树叶在肥分重的情况下，可能出现皱叶，这是金弹子临界肥效的标示物象，我用一株树叶平展的金弹子做肥效实验，给以多次充足的施肥，树叶就出现起皱的现象了。随后挖去根周围的泥土换为河沙，给以大量的清水滴灌洗土，几个月后摘叶促使发芽，树叶没有充足肥料的支持，新叶平展皱纹消失。第一次发芽树叶仍然起皱，再行摘叶再次促发新叶，经过肥分的消耗后，树叶恢复平展。给起皱的植株换土，用素沙栽植在盆内，春季发生的新叶就平展无皱了。之所以用这个实验来证明皱叶与肥料的关系，是存在皱叶为品种关系而非肥料环境关系的误区。

小叶树种就更为一致地被盆景人看好。但如何确定是否是金弹子的小叶树种呢？生理品种的小叶根系再好树叶也不会长大。只有春叶会稍大一点，但明显的比大叶品种小一倍以上。夏叶就小到原始大小，秋叶就更小。有些生长条件不适应和不好就会造成一定时期的小叶化，造成小叶品种的误会。剪去树根，剪去全部树叶造成了生长条件苛刻可以形成小叶，生桩根系还未形成，药物控制，低温连续干旱少水都可因环境条件的改变引起树叶发育不完全形成小

金弹子起皱和起皱程度严重的树叶

叶化。等到条件好转，肥水充足，根系丰满，养分集聚就会回到树叶的原生大小的状态，而非条件不良时候的小叶。这最易表现在生桩的栽培初期，容易发生心理误区或在商业上被误导。

高山金弹子的小叶品种。在肥水充足的条件下树叶只有指甲大小。年年如此，肥料好也不出现大叶的现象。春季新叶也没有大叶生发。
本树体斜曲横卧，树干苍古硕大，树姿挺拔，收势有节，势态雄浑，苍雄与秀幽结合，生的力量可以给人启迪

# 金弹子的果形变化

金弹子果形以圆形为基础，发生圆形与直径和高度及外形的变化，出现圆形果、扁圆形果、椭圆果（橄榄形）、梨形果、葫芦果、冬瓜果、茄形果、枣形果等变化特征。

果的颜色也有变化，橘红为主，血红果、紫色果也有出现。实践中还有实生苗出现的各种变异。金弹子是发生变异较为容易的树种，其栽培也可能出现变异，直观的表现在果和树叶上，不直观的还有树皮的颜色和枝刺。嫁接产生的雌雄变化不是变异。

还有一树多果并存，有正圆形、椭圆果、梨形果。果形的变化是不同亚种的主要特征。

金弹子常见的果形有：

1. 圆形果：就像金弹子名称一样的正圆形，直径处处相等。数量多，常见。

2. 扁形果：形状与番茄相同，像大红灯笼喜气洋洋。高度小于直径，比值为2：3。

3. 椭圆果：形状近似卵圆形，先端尖。中部大于两端，高度大于直径，比值为3：2。

4. 冬瓜果：形状像冬瓜，两端钝圆中部小于两端。

5. 梨形果：也叫葫芦果，底端大上端小，形状像梨子或葫芦。其变化较大。

6. 枣形果：形状与枣子相同，两端钝圆，中部为圆柱形。

7. 茄形果：形状与茄子相同，极为罕见。有时是栽培条件的变异。

8. 血红果：颜色轻度红紫色，较为少见。果形多为圆形果。

9. 辣椒果：果形上大下小，呈锥形，上端和下端大小比值大于2：1。

10. 紫色果：种子苗杂交遗传变异选育到的栽培品种，在成都和宜宾高县发现，成都金科花市已经有少量出售。果形有圆形和椭圆形。圆形的又被称为车厘子果。

11. 棱形果：果的上下纵向有凹陷和凸起，类似南瓜的凹线，又有人称南瓜果。很少见。

金弹子果形以圆形和椭圆的卵圆形果居多。

茄形的金弹子果                    枣子形的果

圆形血红果          血红梨形果          扁果似大红灯笼

圆柱状的枣形果                    金弹子果实剥离后种子的形状

血红的葫芦果

变化的果形

辣椒果

健性结果的品种果多的程度

可以孕育四季果的金弹子优良品种。图示为春果红熟，夏果膨大，秋花又已经孕出。红果与绿果同时并存，红绿增辉。高云先生的这棵金弹子好桩就是年年秋果不断的好品种，以此嫁接了一些作为健性的品系发展

果实由绿而黄后转红，挂果期一年

橄榄形果

花生果

紫色果

果形的区分各地根据外形和习惯称呼，发生了差别，葫芦果就是如此，有叫梨子、冬瓜、花生果的，颜色也有少量的变化，有血红果颜色呈现紫红色的。

在养分不同时，见过果萼出现红化的状况。铜梁的周老人就用鸡粪浇灌出了全红的果萼。可惜当时没照相留下资料，不过重庆的树桩盆景主要爱好者都在现场见过这种红色果萼的现象。

相同形状的果子有大小的变化，多数果形在养护条件相同的情况下，都有大小的出现。但是在同一植株上养护条件好坏不同，所结出的果会有大小、色泽的不同。养护条件差异大的结果的形状、数量、大小等变化更大。

养护条件可以造成同一株金弹子果形的较大变化，时间不同也有同一株树的果形变化，养分可以造成同一株金弹子的果形变化，树的自身健康可以造成金弹子果形的变

多种常见果形的汇集图

不同的果子颜色不同，果萼有部分红色

血红果颜色的比较

四川宜宾为金弹子贡献了紫色的观赏品种。
证明金弹子变异贯穿于生长过程中。这种可
能性在2万棵中就成功出现了2棵

图片提供者　侯怡

化。多数金弹子植株的果形较少变化，个别植株发生果形变化的几率很大。在同一株金弹子树上果形发生变化的几率也不小，尤其是盆栽和受环境、自身、部位的影响，果形也要发生变化。树枝受创伤的影响，结果更容易一些，未受创伤的同一部位结果要少些或不结果。

养料的成分不同，差异较大的时候，会出现果形的异常表现和变化。我经历过一棵梨子形状的果变为茄形果的变化，可惜图片没找出来。

2016年秋，四川宜宾的侯怡培育的实生苗中已经发现两棵颜色变异的金弹子，出现了紫色果。只有不同的遗传条件大概率地碰到一起授粉成功才可能结果，再得要采集到它，并且能播种出芽，生长成熟结出果来，才能得到。金弹子还有雌雄的困难条件，出现颜色变异的概率数倍增加。紫色果的出现增加了金弹子的观赏价值和经济价值。紫色果的出现使得金弹子盆景观赏可以更加多元化发展。

金弹子个体之间有不同的结果情况。健性的每年硕果累累，没有大小年的现象。非健性的结果数量稀少，各个树枝分布不完全，还有结果一年多一年少的大小年现象。

还有的品种就难于开花，栽种十年长势很好，各种营养条件具备也未曾见到开雄花或雌花。因而生桩嫁接促使结果就很必要，以免等待证实雌雄的几年时间。

果子的成熟期也有早晚，相差在30天左右。晚熟品种通常不易落果，观赏时间更长，可以到翌年的3月。

金弹子落果时间各不相同，早落在10月即可发生，当年基本逐渐落完，晚落的到第2年3月才可逐步落完，最晚的到四、五月新花开放时还可大量见到。

在金弹子的群众性树桩盆景活动中，人们发现金弹子的果形随着方位、光照、水分、肥料等栽培条件的不同，一些个体的果形会自身发生变化，例如葫芦果变化为冬瓜果、大果变为小果、椭圆果变为茄子果。

结果性能优良的品种在盆景的实践中被发现后，用于金弹子品种的改良嫁接，提升了部分金弹子盆景的观赏价值，是值得推广的方法。

紫色的果是用实生苗人工育成　果形还有不同的差异

图片提供者　侯怡

挂果期长的植株可以持果到第二年花开时节

健性的结果枝嫁接的效果

# 皮层与树干

金弹子皮层极薄，为少见的薄皮树种，嫁接时树皮薄就不方便，受介壳虫为害就可以阻断形成层内的筛管导管，对树枝和树干的寿命影响较大。介壳虫稍多就会影响金弹子相应部位的生命。必须及早手工去除或定期药物预防。

树干的黑颜色有深浅不同的变化，有细腻和粗糙的不同。

两大亚种变化，生于较低海拔的丘陵低地金弹子与生于高山寒地的金弹子是明显的不同亚种，群体之间变化明显，高山金弹子颜色浅，皮层细腻度好，小山丘陵金弹子皮层颜色更黑，粗糙度度高。高山金弹子高大粗壮，成活容易，生长好，无介壳虫为害，更耐旱耐寒，成型快，只是树叶大，结果难。

其木质坚硬，砍伤的木质层与水、空气、阳光作用，经过化学变化，可形成黑色的炭化物，覆盖在上部可以保护木质部不继续腐朽。炭化层质地坚硬，硬度大于木质，时间越久生长状态越好，炭化层的厚度越大，对被覆盖其下的木质的保护作用越好。

炭化层也是天然的舍利，舍利借用佛教名词是树桩盆景美学概念，是金弹子树体受伤损后与外界险恶环境顽强斗争融合后的产物，是指树干的部分生命逝去后会产生另外的形象和物质的新状态。它有外在的形象和内在的韵意，生命的某个局部逝去了留下了顽强的不灭的意识和精神，被喜欢的人供奉欣赏追求。在内涵与形式上与佛教的舍利的意义相似。而金弹子这种天然的黑色炭化舍利，唯此才有，少见其他树种发生。舍利的硬度高于树干的木质许多倍。

盆内栽植的金弹子也能形成炭化层。生命力极强的炭化层的形成会稍快，生命力弱的炭化层的形成就很慢，也极浅薄。地栽条件下修剪后的伤口10天后就会发黑，开始炭化的历程，生命力越强时间越久，炭化层越厚。

金弹子的树干顽强生根、发芽、硬度高的性状均是在活体的树上表现出来的，枯亡后的树干或树枝，均会在几年内朽脆，不能像柏树和罗汉松的枝干死亡后多年不朽。制作神枝和枯梢不可能产生长期效果，只可做短期1～2年的观赏应用。

需要做神枝的可以做成活神枝，即神枝上不去皮，留几个小芽养护神枝。

人工制作的舍利树干

图片提供者　高云

炭化的舍利层

图片提供者　高云

人工雕琢舍利树干

制作　代得利

二　金弹子生物学特性

# 冷地种和小山种金弹子的差别

　　金弹子在产地上可分为高山冷地种和小山种，区别是乔木和灌木的差别。小山品种的金弹子通常体态不大，树叶小，叶质薄，生长慢，高度低，结果好，种子多。

　　产于高山冷地的金弹子树体大，枝粗叶壮，生长快，树叶略大厚实，色泽更亮丽，成活更容易，栽培生长好成型快。树皮颜色灰黑，色稍淡。盆栽后难

高山冷地所产的金弹子树体大，枝条粗壮，树叶大，生长快，容易成活，难于出现对金弹子危害最大的介壳虫。左图是健性结果的品种，右图是只能结少量果子的品种，果子通常不大

制作　简系华

一些高山金弹子品种种子不发育的状况

摄影　曹斯达

于开花、结果，所需的结果时间需5～8年。通常花少果小，但极少量有异常的表现，有的满树皆花，雄花白如雪积，封满树枝，见花不见叶。雌花结果多的，常无种子发育，没有种子的金弹子有落果晚的特性。但它的栽培性能好于低地种的金弹子，生长快，耐旱力更强，少有根蘖芽生发，多的是树干的不定芽，满树干上皆是，年年出芽。不长介壳虫。

高山金弹子树干生出的不定芽长在各个部位，芽多且顽强。经常反复在树干同一部位生长，反复修剪形成小瘤，引起常年不断生长。

高山冷地型的金弹子
在8年后首次结果的状
况。翌年的4月其果还
未脱落

图片提供者　邱玫

高山金弹子树干反复生芽，反
复修剪形成了小瘤

实物来自　高云

高山金弹子生长迅速成型较快

制作　宫宝雄

# 金弹子的结果特性

　　金弹子雌雄异株，雌少雄多。也有极少的雌雄同株，但这种树结果稀少，屈指可数，难于有硕果的观赏价值。

　　健性结果的品种是指同样的肥水光照修剪条件下，自然结果良好，且年年硕果没有大小年的差别。其品性观赏价值极高，常常还伴有秋果发生。青红果同时并存，兴趣好话题多，更受欢迎。随着金弹子树桩盆景的推而广之，健性果的金弹子品种越来越受到极大的重视和更多的出现。它的种质资源以成都历年收集，最为丰富。

　　结秋果的品种在一些种类的树上有发生，品种有重要原因，以栽培好为发生的主要条件，还有四季结果的品种出现就更是盆景学意义上的好品种，只是较为罕见。

健性的雌雄同株，同时开花，花多密集。老果还未脱落新花又开的金弹子树种，挂果期超过一年。树形貌不惊人，而树种的结果属性少见引人。雌雄花与果子同存，且每年结果多，不出现大小年实属罕见品种。来源于作者自己在山边的采集，偶然得到，发现了金弹子变化的一个奇妙品种，证明了金弹子有性繁殖强大的变异性，可作为金弹子种质资源

雌雄花与果子同存的特写

实物来自　周润武

雌雄同株的个体母花极少，没有观赏价值。养护条件不好，还不是每年可以见到结果。只有养护好、长势强的个体才可以显现雌雄同株的性质。

　　同一棵树有结不同果的现象发现，就是少得可怜，多年来难于见到。

品种好的健性株可以年年结秋果。是肥水、光照、土气、新陈代谢好的综合作用形成的

雌雄同株的个体母花极少，结果小，观赏价值低，通常是屈指可数

这是在同一树枝上结出来的两种果子，有椭圆形和枣形果

# 金弹子的花

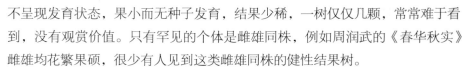

金弹子花如瓶，香似兰，曾叫瓶兰花

金弹子的花单性异株，偶有雌雄同株。雌雄同株也是雌花为偶发，难于定位为雌。而雄树的雌果多数不呈现发育状态，果小而无种子发育，结果少稀，一树仅仅几颗，常常难于看到，没有观赏价值。只有罕见的个体是雌雄同株，例如周润武的《春华秋实》雌雄均花繁果硕，很少有人见到这类雌雄同株的健性结果树。

金弹子花瓶状，由于是单性花，雄花和雌花互有差异。雌花的花瓣下有开张的托片，即花萼，结果后发育为果萼，不会脱落。雄花没有开张的花萼，与雌花比较就非常明显。这是判断金弹子雌雄的主要根据。

对金弹子花的观察比较少，只注意到它的花柄有长短变化，花瓣有大小长短变化，花托有大小的变化。反映在果上延续了花萼和花柄的这些变化。其花的变化较少，没见到形状的变化。

雄花发育比雌花明显，晚秋时节就可观察到，冬季末期就更明显了。雌花多数要到开春后才可仔细观察看出来，3月下旬才比较明显。也有雌株秋季显花可以观察到雌花发育成型，还可少量开花结果的。

雄花发育多，树枝的各个部位均可发生，主要在叶腋、芽梢上生发，也可在枝上无叶的部位生发。雄花多成簇，少见单生的。雌花多为单独生长，也有几朵互生。雌花大，雄花小。

单性的雄花初放。雄花多成簇生长，次第开放，着生在小枝居多，也着生在叶腋。花萼筒状不开张，贴在花瓣上面。花瓣顶端圆形翻卷，卷曲小于雌花。花蕊短平齐于筒状花瓣。花萼包被花瓣不开张，易于辨认

雌花与雄花的区别在于花型稍大，花蕊稍长伸出花筒，花瓣翻卷也稍大。最明显的区别是花萼开张，不包被于筒状花瓣，实物很容易观察出来

# 金弹子雌雄的判定

　　盆景爱好者栽种金弹子的一个重大期许在于结果，有果可观是大多数人爱好金弹子盆景的原因。希望在购买生桩的时候就能判定出雌雄。而判断雌雄对金弹子来说是一个难事，判断的依据在未开花以前难于找到，实践证明从金弹子的根、干、枝、叶、树皮和枝刺各种性状中都不能准确地判定出来。

　　树干、树皮、树枝都是相同的均有雌雄，无法找到区别。树叶也是如此，各种叶形都有结果与否的表现，并非某种叶形能结果，某种树叶不能结果。叶脉没有明显的不同。树叶的形状变化也没有发现雌雄的区别，圆形、卵圆形、柳形叶均有雌雄出现，不能根据树叶的形状不同找到雌雄的区别。实践里看到柳形叶的雌株结果的较多，但不是判断的准确根据。

　　有人总结枝上第二叶是否有棘刺可以判定出雌雄，实践证明也是无法依据枝刺的排列顺序，找到雌雄区分的明确证据。

　　还有人在挖桩的时候根据树根的硬度判断雌雄，母树的根硬度软一些。这是看到母树后得到的体会，难于据此去把握判断金弹子的雌雄。

　　公母树根的修剪断面，越平滑的是母树，粗糙的是公树。这种方法也不可靠，剪截的工具不同，用力的强弱不同，含水的多少不同，剪截的效果就不同，用来判断雌雄不正确。

　　树干弯曲处生有横纹路鉴别公母的办法理论上没有依据，挤压后随着生长产生的横向皱纹在公母树上都可能发生，是树干随着粗大弯曲的内侧树皮受到挤压产生的生理现象。这种现象雌雄树都可能发生，不是判断雌雄的可靠根据。

　　因而金弹子判断公母主要依靠时间和实践，看花才是准确的依据。而盆植金弹子母树通常3年才可出花，2年出母花的极少，3年的时间许多爱好者难于等待，就有人在生桩成活后就嫁接母枝条，确保结果和尽快造型，得到3年时间的收益。

　　期许有人能根据金弹子的性状找到识别金弹子雌雄的方法。

# 枝条稠密耐修剪耐蟠扎

金弹子小枝多而密，耐修剪，萌发力强，不易枯枝失枝。枝条较硬但好蟠扎，幼嫩枝条用金属丝蟠扎整形，3个月后即可定型，拆丝后不易回弹，随着生长也不易被拉直、上翘、变形。老枝生命长，成型后保持形状用摘心、剪枝、控水等办法较易进行，用工相对较少。

在没有树叶的枝条处，修剪不留树叶也能很容易萌发，造型修剪少顾虑。比罗汉松的无叶修剪大胆放心。满树做无叶修剪更可恣意地回缩枝条而顺利萌发到修剪部位。

枝条质硬，有力度生长不易发生上翘的现象。

树枝分为生长枝和刺枝。生长枝发育快，刺枝发育迟缓，作为造型枝需要较长的时间才能成型。

树干或树枝上通常生有枝刺，尤其是地栽地长的金弹子，枝刺多而硬，上有树叶，以后可以出芽发育为枝条。在盆内生长的金弹子树桩叶刺的发育不足，不及地栽的枝刺能充分发育长出较多的枝刺在树干和树枝上。

刺枝上常有花果生长发育，是金弹子结果的一个部位。

金弹子枝叶稠密耐修剪易于萌发

制作　高云

# 耐荫蔽、耐严寒

原生的金弹子为灌木，通常长在林荫崖畔，弱荫下可以很好生长。因而入室出房，布置美化室内功能强。在室内可存放1~2月而正常生长。

耐荫蔽的最佳表现是荫蔽部位的叶发育良好，生长均衡，少见弱枝。原因是它的根系良好，深入泥土的基部来适应外部险恶条件。

金弹子可以在长城以南顺利越冬。这一性能已经被广大的邮售购买金弹子树桩的人所证实。长春及东北其他地区有网友试验过金弹子的耐寒性，棚内室内可以顺利越冬。基本具备了南下北上的生物学条件，全国大范围的推广就是可能的。经过盆景人士的栽种实践，金弹子在东北地区的越冬已经不是疑问，结果的状况才是他们关注的问题。

由于金弹子喜欢温凉气候，在北方地区夏季可以更好得生长，在岭南地区则可以延长秋冬季节的发育。有秋花秋果的品种一年两次结果也是可能的。它的这一品性就较岭南盆景树种的山橘、九里香、小叶榕、福建茶等有北上的优势。南下则可加速生长，较本土树种还快速地成型和结果。

此处在大树下，杜鹃生长不好，金弹子却生长良好，并可开花结果

金弹子冬季在雪线以上生存

# 耐水湿、干旱

金弹子在生长旺盛的早春和初夏水分蒸发多一点，其余季节水的蒸发不是太多。成型后观赏阶段的树叶少，需水不是太多。控制水分在成型的金弹子盆景是经常的。

2012年夏季，重庆特大洪水，我的二号地被水淹没，大水漫过了树顶，超过造型高度一倍以上，树桩被水浸透了2天3夜超50个小时。大水退后泥水痕迹布满全树叶面，附近的花椒树树叶枯焦，金弹子却顽强地生存下来。这说明金弹子的生命力之强健，既耐水湿又耐水淹。

金弹子耐水湿的性能有周期性变化，初春长势转强需水较多浇水就要多，从盆土的颜色变白可以看出含水少，夏秋时节盆土变白稍慢，浇水少，保水时间更长。

另外，金弹子耐旱性也是很突出的，我在重庆的歌乐山采桩看到，金弹子用根系在石头的缝隙丝里顽强地伸展，寻找生存的条件，得以成活，树根就成为石缝的形状，树叶只有黄豆大小，树枝短小跟缩剪后形状一样。重庆夏季常1月以上不下雨，这样的生存条件可见它的耐旱能力强到什么程度。江津的邓永基在楼顶用盆子培养金弹子，处于长江边长期风大，浇水后蒸发极快，经常处于干旱状态，树叶小化，树枝短小不发育，自生老态。

根系耐水湿的典型示例，重庆市铜梁的盆景人用水培的金弹子，历经6年，达到了根系形成、开花结果的生长性状指标

我曾经把刚买来的一棵小的生桩栽种于盆里面，直接放于浅水池做试验，2年没有拿出来过，生长也正常。可惜没有留下图片，读者可以用小桩一试。还有我的一盆金弹子，种在水旱盆里，下雨或浇水，经常被水淹着，历经6年长势良好。

　　在无孔的水旱盆里，下雨就淹水，经历了6年以上，长势一直良好。
　　卧干横垣，飞跃江面。双干穿插，枝叶婆娑，构图与命名结合新兴直辖市沐浴改革的春风之意由形而生，为作品之立意所在。基隆根块横卧，主干穿插上扬飞跃，历尽风霜雨雪，生命活力尚荣，金弹子的适应性体现在上面。原桩挖取就只有土面卧着的疙瘩，在根的尾部有5厘米高的小锥，成活的难度为人不取。我用沙栽，顺利成活，且生长状态还好。这就体现金弹子生命的顽强

制作　曹明君

# 生命力强健

耐干旱，耐水湿，耐寒冷，耐贫瘠，管理方便，需水多需肥少。家庭有少量厨房下脚料沤制的肥料就足以满足。金弹子的耐贫瘠是无需多少肥料就可生长良好。肥好就能叶茂花盛，肥多就会出现树叶起皱的现象。

易于成活更是其最大的优点，几十年几百年的老桩，无根少根也可以裸根种活，不定根生发容易，不定芽生发也容易。

金弹子成活好，在盆内生命力的保持优良，不会轻易衰退，树势优良，少量树根可保证树势，根系丰满可长得繁荣昌盛，活力强健，花繁叶茂果硕。少量的枝叶就有维持生命的能力，不易出现树皮退化、树干局部枯亡、缩枝败型。不像某些盆景树种在枝叶少的情况下容易枯皮枯干，局部死亡，影响树桩的长寿传世。

金弹子易于成活更是其最大的优点

水培新根生长，白色是新根

# 生长缓慢、保型性强

金弹子生长缓慢，原因一是它的皮层极薄，皮层内单位面积的导管数量少，疏导能力差。二是喜欢20～35℃的温差范围，全年能满足这个温度范围的时间段只有8个月。所以，金弹子就有生长缓慢的性状。

成型以后保持选型是树桩盆景重要的事务，年复一年需要不断地重复修剪。生长缓慢的金弹子保型能力强，所需的工作量小。但成型也是缓慢的，正常的养护十年时间其树枝与较大的树干过渡状态也不是十分协调，只有土地里养植生长会快一些。生长缓慢导致成型晚与保型性强是一致的，掌握放长技术就是促进快速成型的必要条件。

金弹子生长缓慢，保持枝叶造型效果的观赏时间长

制作 高云

# 生桩栽植易成活

　　下山的金弹子裸体生桩，能不能成活，为什么能够成活，这是养金弹子树桩的人所关心的。金弹子生桩虽无细根又被截去枝干树叶，剩余的机体生理机能活力尚存，保留的根基和树干具有在适宜条件下再生的能力，内源活力在温度、水分、光照适宜时，就能再度生长，产生不定根芽，生根长叶成活下来。这是金弹子最大的盆景学优势，苍劲古老的巨大百年树龄以上的树桩均可在无根少根的条件下顺利成活。在广大盆景爱好者逐渐积累的老桩栽培经验下，金弹子老桩成活更得到了技术力量的支撑，老桩栽培成活的可能性更大了。

　　树梢套塑料袋和树干缠薄膜或保湿可以提高古老树桩成活的概率，这是生桩栽培技术的进步。

　　金弹子古老弯曲的桩坯也能比较容易地用常规的方法栽活。其成活的机理就是在剩余组织器官上萌生不定根和不定芽的天性。

　　植物具有内源的再生能力，这是它的特性，许多树木被砍去主干后，枝叶全无也能萌生不定芽，发育为新的个体。一些种类的树木根干被砍伐掘起移栽后，又能萌生不定根不定芽重新成活，人们利用它的这一特性，培育出树桩盆景这一生命艺术的奇葩。

苍古的百年老桩，扭曲旋缠挤压，形态变得沧桑万千，已经进入耄耋之年生命还是那么顽强，截去主根，未带毛细根，仅余根部基础也在盆内顺利的栽种成活、成长

网上购买的金弹子桩坯数量巨大，是经过几天到10天的采挖运输上市的周期，还有网购的时间周期，到了外地的爱好者手里能够成活，而且是大量的栽植生桩顺利地成活，并总结出了成熟的经验，说明金弹子生桩栽培的容易。

小根挂大干可以较好地成活和生长

制作　高云

《龙眺嘉陵》的原坯是一个山区的少年挖来的生桩，树桩直径15厘米，具象的龙头形状。苍劲无须根。只是因为他自己知道挖了13天，恐栽不活，原本要30元的，15元就卖给我了。我当时也是抱着侥幸心理，要收集十二生肖的象形式桩坯，就把它买下了。栽种只是在此马槽盆上加了个套，结果很容易就成活了，并长出了粗壮的悬根

制作　曹明君

# 根和枝叶的萌发力强

　　金弹子根和枝叶的萌发力极强，剪去全部树叶缩剪枝条后，在老的树枝上可以顽强地萌发新芽。这个能力可以适应树桩盆景的再创造的改作，将一些错误取型的树桩重新脱胎换骨为较好的树桩盆景的优良形式。

三根去其二，只留下弯曲的主根，克服原作无形无式的巨大缺陷

三根去其二后，平卧改为侧面悬挂姿态，嫁接为母树，重新培育枝条养护造型。改作极大的脱胎换骨，提升了树格，得到最佳观赏效果，增强了观赏价值

养护基本成型进入观赏状态。树干悬挂下垂，几经弯曲变化，树梢斜伸，飘悬成型。树干有悬挂的力量，树梢有轻盈的姿态。展现了桩材的最佳观赏价值，改头换面成就了一盆悬崖式的佳作

改作　高云

盆内金弹子的树根生长能力旺盛，泥土中不断延伸，可达十米以上，没有阻挡就直线生长，遇到阻挡就会改变方向，发生弯曲。而树根在盆内则不断伸长蟠曲或者沿着盆壁转圈，也会分生多数细根，形成丰富的根系，几年后可以将泥土顶起，失去盆沿泥土预留的浇水水口。也还可在树根分蘖小苗，形成新的植株。

由于金弹子的萌发力强，强度修剪后成形，顺利地提升了原作的形象，造就了《无限风光在险峰》的成功。经过盆的改换，地形地貌对比衬托了树和山的险峻气氛和形象，突出了作品的险峻风光的无限诗情和画意

制作 高云

树根上萌发枝条，在无气生根的盆景树种中，金弹子见到较多

制作 高云

用没有树砧的断面生出的细小树根挂在筒盆内，形成的悬崖式的树桩盆景

制作 谭守成

# 观叶、观花、观果效果俱佳

金弹子的花具有高雅的兰花香型，浓郁诱人，花瓣食之清甜，弥足珍贵。

金弹子从花谢幼果显现，一直到膨大变红，再到自然脱落的观赏时间长，可达到7~10月，个别优良品种可以观果到第二年花开后。果形丰富变化大，圆形果，卵圆形果，扁圆灯笼果，梨形果，枣形果，茄形果。果形经常随栽培条件发生多种细微变化。果形变化在自然界的树木品种中极为少见，更显得金弹子的珍奇喜人。在同一棵树果形偶尔有变化，但不具备常态化，只是个别树可以见到，但也不是难于见到。

果实颜色也有变化，橘黄色、橘红色、血红色等，以橘红色为主。

在气候和栽培条件好的情况下，有秋花秋果、硕果似锦，丰收在望的意趣浓烈，让人喜爱不已，欲罢不能。

各种叶形的比较，可以看出金弹子的叶形与亚种的变化。有形态的变化，从圆形到椭圆形、披针形、广椭圆形；有大小的变化，小叶的金弹子，比例佳，观赏效果好，适应树桩盆景的特性，更适宜中小型盆景的应用

金弹子部分果形的汇集
图。仅此可以见到金弹
子果形变化的丰富

《碧空繁星》

树种　金弹子
制作　王炘
收藏　宁波绿野山居

# 桩形好、难度大

　　金弹子出桩，其桩难度大，大中小型多样化，形式全面，几乎所有的形式在业内都见到过高难的桩坯，如难度高的树山式、丛林式、复合式、象形式、曲干式、悬崖式、文人树式。尤其以线条弯曲、脉络节奏好、异形怪异、复杂多变的常见。通过以下几图可以看出金弹子树桩的奇异变化。还有复杂的自然形态桩坯也能经常见到。金弹子异形式在全国各个树种中名列前茅，对业内产生了良好的影响。

经过改作，顺利地做成直立的丛林式，是金弹子生命力强的使然。没有金弹子大的生命力，作者也没有大胆的改作，就不能进一步成为好的丛林式的姿态形象

制作　高云

树根部位的配石，地貌处理加强了景象的变化，组合形成了山野树林，人的技艺在作品中表达得淋漓尽致，带给人们回归自然的物质和文化享受

制作 任德华

《童梦》

根艺盆景是指的用金弹子树根作为主要观赏部位和形式的盆景新分类方法。它在实践中出现，独树一帜，增强了树桩的表现力，增加了树桩的来源。重庆市铜梁的左世新创作了大量金弹子根艺盆景作品，是根艺盆景的主要代表

制作 左世新
树种 金弹子
形式 根艺盆景
规格 高70厘米

云头雨脚的金弹子树桩盆景
形式

制作　谭守成

复杂的形态出自自然造化

制作　罗世泉

《门户洞开》

树桩双根双干异形发育，异位出枝，异相生长，作者因形造势，因势利导成为异形的双干临水式。以树桩的奇异多变为主要看点。人树结合在作品上表达得天衣无缝。奇异的树桩也能因意赋形做出好形式的作品

制作　谭守成
形式　异形式
规格　横长85厘米

《生命的旋律》

历尽了曲折，树桩难度大，在盆内生命力强，金弹子的盆景效应由此可见

制作　高云
形式　悬崖式
规格　树桩高58厘米

《虬曲》

大型极度反复弯曲的金弹子，在不长的距离内，可以有多个连续极化的弯曲，弯曲在上下的波折大弯中有左右扭动的细节，盆景学的赋意在其上得到很好的提炼和融入

《离天三尺三》

金弹子树根倚石，石驮大树，高岭树入云，气势不凡。以天生之桩人工顺势而为，巧布山石，因形做成树石之势，无需多少笔墨，即成天造地设的树石图，写意画的风格突出

制作　夏云
形式　附石式
树种　金弹子
规格　高60厘米

天造地设的金弹子尤物。难度和变化到极点，大器紧凑，人力不可为。做为山岭
形态的丛林式气势磅礴，分解开可做尽曲的悬崖式。如此的老桩须根不多，也可
顺利成活不伤皮肉，是金弹子的各种盆景学优良特性的高度体现

图片提供者　高云

异形的金弹子桩材可以形成独特
的风格形式

图片提供者　高云

金弹子不乏各类根连丛林的
形式

# 枝条坚韧嫩枝造型性好

金弹子木质坚硬，在半木质化时候韧性好，要掌握最佳造型时期进行蟠扎，可以达到极化立体弯曲拐摆的树枝和树干造型效果。造型后树枝逐步木质化定型，不易随着生长上翘而发生变形。

金弹子嫩枝蟠扎更适合它的造型，嫩枝是在枝条木质化前和半木质化后的一段时间进行的造型蟠扎。时间是发芽后的几天到3个月，枝条未及木质化变硬，有一定的长度和柔性就开始用金属丝蟠扎的造型方式。

嫩枝造型后枝条与生长同步进行，可以减小蟠扎后对枝条生长的阻滞，可加大造型的难度，做到极化。嫩枝造型效果好，定型快，放长后能发生挤压扭曲变形，产生耐看性。可在造型上有突破，是改进树桩盆景树枝形象的技术方向。

较嫩的枝条跟豆芽菜一样脆，可以随时观察，一开始木质化有点柔性就进行蟠扎造型，一次不可到位就分步弯曲，2天后再调整蟠扎或几天后多次调整，直至蟠扎到极化的程度。蟠扎到位后要利用枝条的梢头放长到相应的粗度，有了合适的过渡状态才可剪除梢头。不然粗度达不到，过渡状态养不出来。有些金弹子爱好者忽视枝梢的放养助长，剪除过早，总是做不出良好的过渡枝及次级枝组。就是在热带地区用修剪法截枝蓄干后也得每级放长，才可养出多级过渡枝，何况金弹子在盆内蓄养就更得几年的放任生长，达到培养目标后再回缩。

金弹子造型适宜做枝上枝，大枝纲举，小枝目张，大枝构成一级主枝，小枝着生其不同方位，大枝是走势，小枝是补充。骨干枝决定形式方向格调，小枝要排列有序，分布合理，逐步细于骨干枝，各级枝组递减小于上一级枝组。

金弹子接顶做成自然尖的杂木顶，用修剪培育形成。

金弹子枝条柔弱造型性优良

制作 严云龙

# 根干苍劲变化大

《流淌的岁月》

挤压在一起的树干能愈合在一起。透露的树干、弯曲流畅的树干、悬崖奔放的姿态、劲瘦飘逸的金弹子树桩盆景作品

制作　高云
树种　金弹子
形式　悬崖式
规格　横长13厘米

《双飞岩渊》

苍曲双悬，劲力飘逸，根牢干挺。金弹子树干挤压膨大的苍劲变化，自然弯曲造化由此可见一斑。为盆景难见的优秀树种

制作　高云

# 少病虫害

危害金弹子的害虫较少，尺蠖是发现的食叶害虫，发生率低。食树汁的蚜虫不危害金弹子，钻树干的虫少。

介壳虫稍多会影响金弹子相应部位的生命，时间过长蔓延到满树会影响树桩的生命。在盆内整树介壳虫发生较多、时间过长，就会造成该部位的死亡。这是金弹子养护的植物保护的重点工作。

发生介壳虫早期，数量较少的必须人工消灭，数量多就要用药物喷杀。掌握好浓度杀虫效果较好，不可浓度过高，以免对树造成药害。

《硕果》

制作　叶守海

# 寿命长，能传世

树桩盆景的寿命长是根本，能够数十年、世代相传的作品极其宝贵和重要。

从经济上来说，好的树桩盆景价格昂贵，寿命不长就没有人敢于收藏购买，谁愿意花那么多钱买来只是为了欣赏一时半会？还有收藏的意义在哪？

金弹子尤其是不会在成形以后回缩枝盘，这与某些树种相较有不可比拟的优势，功成名退于价值来说不合算也不合理。树桩盆景成熟后才进入观赏佳期，而长期成活茁壮生长是树桩盆景的生命力所在，金弹子就有这个特性，它的适应性强，只要人的因素不出意外，就不会因自身因素夭折。

自然界的金弹子寿命尤其长，盆内的生命也长，好的树桩盆景作品必须具备寿命长的特点。这是金弹子可以达到的，并且只需基本的养护条件不需更多的特殊养护条件。

精品的树桩盆景观赏价值极高，百看不厌，传世收藏，保值增值是艺术品的属性，对它的寿命和传世就是必然的要求。金弹子可以满足这个要求。

老桩较为粗放的管理
也能顺利成活

图片提供者　任家明

# 金弹子的弱点

1. 金弹子的介壳虫在遇有阴湿多雨、通风不良和环境有虫源的条件下，就会产生和蔓延。通风和光照好的条件下介壳虫产生和蔓延比阴湿的条件下慢些。没有虫源传播的栽培条件下金弹子不会自生介壳虫。

介壳虫是金弹子最严重的威胁，别的树产生介壳虫不会出现生命危险只是生长发育停滞，而金弹子树皮薄，树的干和枝有了较为严重的介壳虫不处理，2个月左右就会致死树枝。

金弹子树叶稠密，介壳虫产生后就不易喷药彻底，喷药要在被枝叶遮掩了的树干和小枝、小枝和树叶结合处进行。尤其是叶背受药不易，注意叶背喷药要到位，才可彻底防治。

有自来水软管的条件下，结合浇水对产生介壳虫的部位实行强力冲击，利用自来水的冲击力使得介壳虫不能栖身。及早地经常进行可以防治和消除介壳虫，让它无法在树上存留，也就无法蔓延了。稀枝少叶和通风干燥的条件下，

介壳虫在金弹子树上的状况

发生介壳虫危害致死的金弹子状况

用自来水冲击树干、树枝、树叶，既浇水清洁树叶又可冲击介壳虫，让其无法在树上驻留就不易造成虫害蔓延

放长是金弹子增粗的重要方法。助长枝是增粗的方法之一。图中未造型的无用枝就是用来助长增粗主枝的

介壳虫也发生较少。阳台栽种金弹子如通风不好较易传播介壳虫，更需注意观察和防治。

发生过介壳虫的植株以后复发的可能性大，难于一次绝灭。每年都要在虫情滋生的春秋季节观察虫情，及时防治，防止复发。可以用灭介壳虫专用的农药，按规定的浓度，在虫情可能发生的春秋时间，2次预防用药。

专用的药如灭蚧灵、蚧必治杀灭介壳虫较为有效。

只要注意观察，预防和及时消灭介壳虫，金弹子传世是被实践证明了的。

2. 生长周期短，生长缓慢。低温下停止生长，夏季气温高于35℃日温差小，生长也会停滞。年生长周期在重庆原产地只有8个月左右，仅2/3的时间处于生长适温范围。皮层极薄，盆栽树枝难于在8年时间达到2厘米直径，更别说更大的过渡尺寸。只有掌握好造型后的放养技术才能有粗壮的枝条。盆内放长不是几个月一年，而是需要几年或多年，才可放长出过渡好的主干枝和下级枝组。不放长到过渡枝的粗度，最好不要短截造型枝后放长那部分枝。

只有地栽可以加速金弹子的成型速度，快速成型，而且可以生长出很好的过渡状态的枝条和树根。盆景爱好者要注意金弹子地栽和大水大肥的造型作用。金弹子盆景过渡粗壮的形象可以在地栽的条件下得到最好的实现，打破金弹子缺乏过渡枝的局限。地栽时可以采用岭南的截干蓄枝对金弹子造型，因为金弹子的萌发力极其顽强，截干蓄枝做出鹿角枝、鸡爪枝，金弹子的盆景形象更能征服盆景人。

3. 金弹子施肥过多叶片会起皱，肥越多叶片起皱越严重，不能像罗汉松那样在生长季节每日浇稀薄肥，所以金弹子难于在盆内培育过渡枝。大水大肥要适度，对金弹子要大水结合适度干旱炼根较好，大肥10天一次稀薄肥液即可。

4. 金弹子雌雄比例悬殊，雌少雄多，雄株是雌株的几倍。种子的实生苗雌株只有雄株的1/3，连遗传学的定律也达不到。但金弹子实生苗的变异性强，体现在叶和果的性状上。

5. 观赏结构不完整。金弹子作品观赏根不是普遍都好，独根的较多。缘于它不能速生，在地下生长根系就已经远窜，采挖后就少有围在基隆旁边的伴嫁根可留下来作为观赏根。不好利用伴嫁树根作为观赏结构，多数树桩只得进行人为处理，树根才有更好的观赏性。

6. 品种之间大小叶不均衡，大叶多于小叶，较大的树叶需要通过控叶来实现小叶化。好在金弹子的树叶容易控制，用干旱、修剪、摘叶的物理方法可以控制，也可用抑制剂化学控叶。发芽前换盆的时候剪除多余的树根，也可生发小叶。春季控叶效果不如夏秋季节效果明显。

无根可赏的金弹子犹如人之无腿，是造型结构上的一大遗憾

《曲与直》在盆内养护经过3次换盆和去除表土，自然生长出露的树根，有较好的观赏形态和价值

嫩枝造型可增强树干和树枝的弯曲效果

图片提供者　高云

7. 造型性能不是最优良。枝条或树干木质化后变硬，加上树皮薄，极度弯曲的时候要加以小心并注意保护，更适宜多次补蟠到极化的弯曲程度。不如罗汉松的枝干柔软，入冬初期枝条较为柔软。

8. 对金弹子生长的误区。有个别非金弹子原产地的网友不了解金弹子的结果条件，只有一年的栽培实践就轻易地说金弹子在其他地区，包括岭南地区结果难，这是不正确的。

越冬的地理分界线有沈阳人在盆景艺术在线发帖，证明金弹子在东北室内可以正常越冬。

只有一棵雌树能不能结果也是有疑惑。金弹子在只有一棵雌树时管理正常，无需雄树是可以结果的。自花授粉结果常见，只是种子发育不良。我工作的地方曾经栽有一棵金弹子树，没有雄树，常年结果，实践证明仅有一棵雌树是可以结果的。

瓶兰无媒自结果，金弹虽小争秋色，耐住孤独与寂寞，忍受无趣和冷落

"淮南人家"在盆景艺术在线发表的赞颂金弹子自花结果的图和诗歌

图片提供者　淮南人家

# 金弹子的栽培学特性与栽培技术

# 金弹子盆内栽培特性

要栽培好金弹子，就要了解它的栽培学特性，尤其是盆内栽培的特性。金弹子盆栽换盆时间5年以上，还可更久。肥源靠人工逐次追加腐熟的有机肥，培肥盆内土壤，可支持金弹子的盆内旺盛生长。

盆内金弹子的树根生长能力旺盛，而树根在盆内不断伸长蟠曲或者沿着盆壁转圈，也会分生多数细根，形成丰富的根系，几年后可以将泥土顶起，失去盆沿泥土预留的浇水口。也还可在树根分蘖小苗，形成新的植株。

了解金弹子的特性后可以大胆采用特殊手法造型改作，见水见石不见土、细根挂大桩、小根挂悬崖、三个主根去其二（参考本书第44页图例作品），仍然可以成活成型。

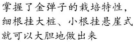

此作品是盆内培育出细弱的树根悬挂的状况，作者精益求精再次做成树根附石

制作　谭守成

掌握了金弹子的栽培特性，细根挂大桩、小根挂悬崖式就可以大胆地做出来

掌握了金弹子的栽培特性，少泥少土可以塑造幽雅的丛林形式，并能很好地维持造型

# 金弹子的温度、水肥管理

金弹子最适宜的生长温度为25～35℃。高于和低于这个温度范围枝叶生长会停滞。高于这个温度范围虽见不到枝叶生长，但能积累养分，温度一旦降到35℃以下就会旺盛生长。

每年有3个生长旺盛时期，一是在仲春，一是在初夏，一是在初秋。这3个生长旺盛期均是在它的最佳生长温度范围内。温度适宜的生长期和温度低的休眠期，表现出明显的阶段性生长的特点，这些特点在栽培过程中很容易观察到。要抓住生长期时机，大水大肥强光放任枝叶、树根生长，加速成型。低温生长停滞期间可以加强修剪塑造鸡爪枝、鹿角枝。

金弹子适宜光照好和通风、湿润、温暖的环境，积温高的地区更有利于金弹子生长、成型。冬季，岭南地区优于重庆地区；夏季，凉爽的地区如贵州生长优于重庆地区。

金弹子耐受的极限温度缺乏实践证明，雪天可以露地越冬，冬季重庆及江南多数地区可以栽生桩，初夏5月高温适度荫蔽，仍然可以栽生桩。秋冬栽植

气温适宜，枝叶发芽生长的情况良好，二次叶芽生长

养护措施好，树叶质厚，果色艳丽

图片提供者　成都盆展

阳台可以栽桩，金弹子适应弱光的环境，就是没有室外生长茁壮而已

实物来自　熊长风

的生桩放于弱阴下，不遮阳正常的可以度夏，熟桩在夏季若是养分积累得好，入秋就会加剧生长，长出满树新芽、新枝，能很好越冬。

耐肥力不强，磷钾肥多叶片容易起皱，因而不需要多少肥料。如果观察到叶片起皱就可适度地节制肥料的施入了。雄株尤其要适量，肥多花旺，伤树和难于疏花。可分阶段施重肥，即在花开过后的5月到夏季的生长旺盛期间，可多施肥，秋凉入冬后少施肥，减少雄树花芽的分化孕育。形成的满树雄花要实时摘除和强度修剪，避免影响枝叶生长。

楼顶栽培金弹子树桩，光照强、通风好、温度适宜，得雨露滋润有利生长，可以形成小型盆景园的规格，城市里楼顶盆景小园多这样的方式

图片提供者　高云

老桩接触土壤可以生发根系。这是无根生桩栽培后形成的新根系，原生断面可见

实物来自　张玲麟

采用见树见石不见土的方法栽种金弹子更出景，可以顺利成活生长。夏季养护可用滴灌水肥

图片提供者　任德华

栽于盆中树础接触泥沙后生发长粗的树根

图片提供者　张玲麟

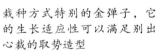

栽种方式特别的金弹子，它的生长适应性可以满足别出心裁的取势造型

制作　罗世泉

# 金弹子果期管理

　　金弹子少数个体果形会随着地域、气候、干湿程度及阳光、水分、肥料、矿物质、微量元素等诸多因素而发生改变。这个现象在实践中被发现和引起了重视。通常这样的改变不是每年都维持果形不变，变异的果形也不是固定不变地出现在同一个部位，而具有变化。果形的变化也不是出现在所有的个体上，而出现在少数树体上。同一个体也不是每年都有固定的果形变化。果形的种间变化和个体变化差异很大，不变的树体多于变化的树体，不可期待多数金弹子个体都出现果形的常年变化。

　　金弹子结果时间的长短个体之间也有不同，差异在2个月时间以上。结果时间短的到元旦期间就落果而所剩无几，结果时间长的到次年4月可以见到果子，且较多。这是品种之间的性状差异，少有管理的因素，如水肥的控制和使用可延长果子的脱落。嫁接的母树挂果时间更长，通常可以到第二年的4月后。

　　有少量的树种在生长好的前提下，秋季能发育成熟花芽，结出秋果。带来更强的观赏性。这是品种的优良性状，在养护好的时候这个性状在一般的母树可能少量促发。但结成果还是较难的。

养护和环境条件造成果子形状的变化

制作　邓文祥

# 金弹子树桩倒栽

　　树桩正栽能活倒栽有的也能活，民间有倒插杨柳的说法。金弹子老根老树可以倒栽成活，这是它的又一栽培特性之一，而且是较重要的特性。

原桩树干毫无特色，好看部分埋于地下

经过剪栽有收头和弯曲的利用价值

在盆内直接养桩倒栽发芽

倒栽树桩成活后的状况，长势良好

制作　曹明君

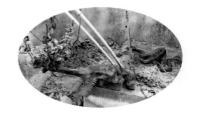

# 倒栽金弹子的实例图示

　　我第一次发现金弹子倒栽成活是无意的，基于一次错误。一个树桩买回来误判了根和干，将树干作为树根栽进盆土里。一年后未发芽，我要用盆子来栽新桩，就决定把它拔出来。谁知树根抓紧了泥土，拔出来才看出是栽倒了。见它生根没死，就重新栽了回去，次春就发芽了。此后就有意识地倒栽有利用价值的树桩。

　　倒栽改变了树液流动的方向，成活可能性低，金弹子可以，其他树种难于适应。根长干短、以根代干、附有细根的桩坯倒着栽更容易成活。

　　金弹子倒栽的意义是对一些有价值的桩坯进行，不是随意地倒栽，没有倒栽价值的树桩无谓地去倒栽就是俗话说的脱了裤子放屁，做多余的事情，还会有生长迟滞的副作用。只有倒过来弯曲变化大、有硕大基隆与树础、收头有节的桩坯倒着栽才有意义。

　　倒栽利用根的弯曲变化姿态，实现树干下大上小的收势有节，扩大树桩的来源，利用有限的下山树桩资源，为个人出更好的盆景的作品获得机会。不认识金弹子倒栽的意义和不敢实践的人不必采用。

　　树桩盆景具有真实性，不管是自然天成的还是人工创造培育的桩坯，它首先是活生生的生长在盆中，绝不是画的假的，没有生命的。任何怪异难度的作品不可怀疑其真实性、合理性，利用好了出难度、出机会、出作品。

　　不管是自然桩坯还是人工桩坯都不要人为排斥，好的桩坯，好的姿态，难道就有血统的差异？好的人工桩坯不会比差的树桩观赏价值低，在好与不好之间人为地设置来源的障碍是对树桩盆景的偏见和误区。未来人工小苗育桩也是金弹子树桩的重要来源，一定会有好的桩坯出现。

土面以上是树根

树干截断处

　　老到的苍古金弹子树桩，姿态反复曲折、迂回扭拐、膨大挤压，经过三年，也被高云先生倒栽成活了。了解金弹子的树性就可以对它游刃有余，得到收头有节，得到更加良好的倒栽姿态。上图是地台倒置沙栽成活，塑料管为冬季保温、夏季保湿套袋时用来保护新枝芽。下图是成活后上盆的状况

# 金弹子用盆

金弹子栽种盆底孔的有无和大小不重要，金弹子耐水湿的能力极强，不设水孔熟桩淹不死，对树叶多的桩坯保水性更好，夏季生长更有利。只要实践试验就可证实。

金弹子树桩栽培的常规条件和具体论述参见我出版的《树桩盆景实用技艺手册》，里面有详细的论述。

熟桩夏季浸盆一月淹不死的试验

通风好 —— 光照充足

空气好

温度适宜

湿度合适 ——

土中空气通透

湿润的土壤 —— 各种养分齐全

土壤良好

金弹子栽培条件示意图

# 金弹子的自然繁殖和人工繁殖

自然繁殖依靠根的蘖生、种子传播。人工繁殖多，用根插、扦插、播种、压条等方法。

成熟的金弹子植株的根系通常会在土壤的浅表层生长出根蘖芽，这是金弹子繁殖方式的一种。在金弹子的附近总会有根蘖的芽长成的新植株，甚至形成根连的丛生形式，可以绵延几米，长的达十几米。

种子传播是金弹子扩展分布方式的方法，通过自然掉落和鸟类吃食带到周边各处。鸟类吃食金弹子果后，通过粪便把种子大量传播出去，依赖适宜的条件，少量的种子发芽成长为新的金弹子个体从而使金弹子得以蔓延发展。我在自己的育桩基地栽种的少量金弹子结果后，周边的空地里就逐渐有了鸟的传播，野生的金弹子树苗到处萌生起来。

人工播种的实生苗，用果子直接播种比挤出种子清洗晾干的发芽率高许多。实生苗在小苗时间段生长速度较快。金弹子种子繁殖出现变异的机会多，宜宾出现紫色果的几率达到了万分之一。成都也有紫色车厘子果出现，辣椒果、南瓜果也有少量流传。比常见的水果或树木出现变异的几率大许多。

实生苗繁殖的数量多，做出商品成品的可能性大，有不

盆内由根蘖生的新植株

果实繁殖的紫色长果

少人能够专心坚持做下去，不受漫长时间和效益的影响。

　　实生苗分辨不出雌雄，且雌少雄多，几年后开花才能看出雌雄。出现果子变异的机会有，但几率极低，难于发现利用。

　　有性繁殖和无性繁殖各有利弊，各有所长，无性繁殖直接得到母本的遗传特性，选择性大，利于普及优良品种。嫁接更有生长快速结果性能好的优势。

　　金弹子的繁殖用于小苗育桩，或小微型盆景利用。能做到什么程度就是个人的造化，因人而异。贯彻立体极化造型的概念，可以实现创新，改变盆景形式的面貌。

用种子繁殖得到母本的金弹子小苗。但是带有座底主根，雌雄分辨不出

图片提供者　寒残冰

高位环剥树皮层诱导生根得到的新树苗

图片提供者　满山红叶

# 金弹子的扦插

扦插繁殖过去很少用，不受重视，不为人们了解，对能否成活也不了解。实践证明，扦插管理得好容易成活，我在2012年4月初时采集母本中叶树种的2年生枝条，随采随插，随意地插在沙质疏松的菜园土里，入土3～4厘米。40天后观察发芽率在65%以上。树根的根苗最易插活。

盆内扦插金弹子

母本扦插可以得到优良品种的母本苗木，小叶种、异形叶，葫芦果、异形果、灯笼果、血红果、冬瓜果、健性结果的品种等都可扦插得到。扦插还可以得到大批的数量，可以有较多的四歧分布的树根。扦插保持母本的性状稳定不变，优良的品性有保障。对金弹子来说，结果与否、结果的多寡、果的形状、果的珍稀、果的色彩以及树叶的大小、形状都是许多盆景人士追求的。根生苗、带有踵的更易扦插成活。

扦插苗的根系四歧分布，粗壮以后有观赏效果。种子繁殖的实生苗长出的是纺锤根，下扎较深，缺乏四歧分布的效果，不利于根的造型。

用金弹子枝和根扦插成活的状况

图片提供者　寒残冰

用根插得到母本的金弹子树苗，无性繁殖可保持雌株的结果性能，树根四歧分布

图片提供者　寒残冰

# 金弹子的嫁接优点和误区

　　金弹子嫁接的优点是结果性能好，无大小年结果现象，生长快于原生树。因此金弹子盆景的艺术实践中嫁接技术普及应用起来，脱胎换种手法常见，促进了金弹子的技术发展，许多好的桩坯提升了观果价值和收藏价值。金弹子嫁接技术难于其他的盆景树种，树皮薄如发丝，皮层难于对正扎紧，操作需要细致。好在熟手的嫁接成活率较高，超过60%。

　　关于嫁接的母树常有不如原生的金弹子母树的认识误区，其实二者作为观赏达到的目的是一样的，作为寿命嫁接的树木寿命不会不长，嫁接后的品种好，嫁接后生长速度快于原生的树种。而嫁接的部位的多和少有不同，全梢嫁接的不存在嫁接的点位差异，整个的树体都会结果。选择少量部位点嫁接的树体就会只在嫁接部位结果。这是嫁接和原生的差异。

嫁接后结果好、品种好，生长好，观赏价值高

枝接直接成型

# 关于小苗育桩

　　金弹子由于它极其优良的植物学特征和性状，被广大的盆景人士看中，并逐渐认识到金弹子小苗育桩的重要性，一些人从零做起开始了金弹子小苗育桩的新尝试。小苗育桩通过人工控制可决定桩材的品种形态和数量，解决今后的金弹子树桩的桩源，让后人有金弹子盆景可以继续制作和玩赏。

**金弹子苗培育的小型盆景**

实物来自　佰仁园艺

　　小苗育桩是今后树桩盆景的主要来源，金弹子以其盆景学、栽培学的强大优势，将会是树桩盆景发展的主要树种，也会是小苗育桩的最重要的树种。

　　小苗育桩可以将多种难度造型融于一树桩之上，经过小苗育桩的发展，金弹子在形态和品种各方面对将来的树桩盆景将起到重大作用。小苗育桩是向自然树桩学习，模拟自然环境给以变异生长的条件，将树木按人的意志和要求制作培育出来的以生命为载体有形、有韵、有意味的树桩盆景艺术品。让更多的人认识树桩盆景的观赏价值，得到树桩盆景作品，满足社会对树桩盆景日益增长的需要，实现它的功能作用和经济价值。

　　小苗育桩的树干枝片乃至树根全在人为。人的意志可施展到根干之上，可以控制桩材整体的形态和姿势，将人的提炼加工的大树、古树、异形树、名树、怪树制作出来，心中有什么树就能制作什么树，在弯曲、形状、难度上可与天公媲美，只是在大与古上俯首天公。

　　小苗育桩是一个技术密集、劳动力密集、时间长的生存制作过程。由于时间长，技术含量高，劳动条件与农业劳动相似，从事的人就少。而且它更多的还要投入知识、时间和热情爱好，冷门得厉害。但它产出来的作品人人都喜爱，接受的人多。价值中的观赏部分不会有争议，只有它的观赏价值和长时期的不间断的制作产生的高价格才是需要市场来接受的。

大量金弹子盆景生产可以提供更多的货源和降低价格

实物来自　腾彩明

# 小苗育桩的意义

1. 解决将来树桩的来源，满足人们对树桩盆景的物质文化的需要。人工生产树桩，不依赖老天的赐予，可以无尽地创造、生产下去，永不枯竭。延续树桩盆景这一中国的国粹，满足人们对树桩盆景消费增长的需求，只有小苗育桩才能担当。

天生的山采树桩依靠偶然的因素诞生，依靠特殊的环境形成，依靠比人工培育长得多的时间长成，依靠人的搜寻挖取和后期的多年制作才能得到。树桩的来源极其有限，制作时间漫长。加之现在保护生态环境，不提倡采挖野生桩，所以，野生桩会越来越少，好作品会更少。只有人工小苗育桩，才能不断地为市场提供好桩材，树桩盆景艺术的延续才可大量优质和世世代代进行下去，中国文化艺术中的这朵奇葩才可以在得到发扬和光大后开得更加绚丽。这是小苗育桩的必然性。

2. 作为生产的一个方法，持之以恒，坚持八年，做到上千的数量和质量，就会是一个专业户的模式，或是一个盆景工作室的模式，或是一个微型文化企业的模式。小苗育桩的经济意义就可彰显出来。如果长期坚持，观赏价值就会大大提升，经济价值也会更加可观。

3. 满足过程的乐趣。业余盆景爱好者有了自己的想法之后，可以在自己的小天地里在实践中得到制作过程的乐趣和完成作品的乐趣。

4. 个人自我价值的实现。名利是许多人的基本动机，我则要加上为了树桩盆景解决桩源的技术问题，蹚出一条道路，站在树桩盆景的高度上多效结合。就是要充实中国的文化，传承与宏扬盆景文明。个人的名利在这其中来实现。可能名利是更重要的、是主观的，但客观的作用也是不可小视的。

5. 制作精美的树桩，天生形质好的原生桩难觅，而且姿态和形式也不可受控，总有这样和那样的缺陷，更多的是利用，因其形才能赋其意。小苗育桩可以极化制作，在整体上完整地处理好树桩的根、干、枝叶等各个细部结构，提高和普及都有极大的空间。人的心中有什么形式的树桩，就可制作出相应难度的作品。而弯曲度不大、走势扭摆抑扬顿挫或文人树类的树桩，就更容易制作出来了。小苗育桩要从多方面切入，做树味，做难度，做风格，做变化，做韵味。好的作品提高了树桩盆景；差的则可用于普及。大量产生自然界无法产生的弯曲度、形式和树种。小型桩更可达到较好的形态。

6. 利于普及，过去树桩盆景价格高，数量少，不能进入千家万户。小苗育桩数量多，形式好，有难度，技术含量高，规格中小型化。观赏价值高，价格较低就利于普及，也利于提高。

7. 利于应用，小苗育桩更多只能做中小型盆景，它正好符合盆景的应用普及性。中小型化的树桩韵味在，重量轻，老人孩子也可端着入室出房，布置家庭环境的功用性就可充分发挥出来。

8. 利于创新。树桩盆景各类形式的制作和创新，在于人的认识，心中有什么树盆里就有什么树。小苗育桩全在于人的思想对它的认识和掌握，按照想象的树型在一定的时间和条件下可制作出来。我做小苗育桩是先有思想认识而后有行动，做出了一批极化造型树干怪异的罗汉松桩子。

**实生苗从零开始制作盆景**
制作　徐琳

# 小苗育桩的特点和优势

小苗育桩从小做起树苗的可塑造性强，弯曲性好，心中有啥树就可生产啥树形，尤其是难度极化、怪异莫测的树形尽可塑造出来。除了树干、树枝可做之外，还可做树根。数量多，可成批生产，甚至可工业化的组织生产。树种好，优选盆景学特性最佳的树种进行，姿态好的、观叶好的、观果好的、叶色好的、文化内涵深的树种，均可批量高难度地生产出来。

小苗育桩的优势是可以人工做树干，在其上尽情地发挥创造力。树干是盆景的最大亮点，直接呈现在主要观赏部位，树桩盆景的分类形式大多数都是以树干来区分的。

可以从根做起，神枝枯梢亦可做，枝条制作进行得早，可以与树干过渡得很好。

树桩盆景注重难老大的标准，小苗育桩不能在大上着眼，小中见大，小中有老，小中出韵。难老大、姿韵意和异形皆可在中小桩上体现。大型的可以借助时间和速生树进行。也可以用长度和数量来制作。在十年时间内出品只宜做中小型桩。

小苗育桩需要人付出繁多的劳动，默默无闻埋头苦干，不思回报，需要精神力量支持小苗育桩。没有一个强大的精神力量是做不到成年累月干下去的。这是中国人的奉献意识，执着的精神，创造的思维，吃苦耐劳、默默无闻的优秀品质的使然。

做小苗育桩要克服许多技术问题，解决问题的过程会练就人的素质，沉积为能力。例如为了做好双干树让它有协调性，我想到了用挂钩来同型连接，产生协调相似的树干，在似与不似之间游走，既协调又区别，个性与共性统一在一起。

小苗育桩得到批量的资源，为市场提供树桩的源泉，摆脱依赖山野采集而资源不足的窘况，降低价格，开拓金弹子盆景的大市场。野生桩资源有限，得到不容易，形态不可控制，不可能满足社会大众对金弹子日益增长的需要。小苗育桩才能满足市场普及的需要。做金弹子小苗育桩的专业户和企业少之又少，这或许是金弹子小苗育桩的机遇。几年或十年后，金弹子小苗育成的树桩会有更大的数量出现。

突出观果效应，采用雌株做育桩的材料，观果就是必然的，还可用异形果做苗子或嫁接苗子，得到异形果。

金弹子小苗育桩有取势和造型的多样化、异样化、突出个性特质和变化性、难度化、复杂性。

在分类形式上优异化，多取悬崖式、丛林式、曲干式、临水式，化形为景，树就是景，一树一景，自身形式就是景。小苗育桩可以大量生产这些形式，技术意识到位后还可立体极化做好细节。

**《造化》**

　　形成有难度，人工所为，意识到位实现了多株并造，一种新的小苗育桩方法，能够出奇出意，做到快速成型。用了多本的树苗，立体极化地扭旋在一起，粗大后实现了扭曲挤压创造了强大的基隆，既有体量，又有形状，还有难度，创造了树桩来源。

　　多株并造合拢的地方在强大的生长力量下实现了愈合，其后利用树梢做枝和冠，多余的植株剪截，达到了多株一体，虽还有剪截的痕迹，已然有了愈合后的马眼。这个作品是多株并造方式方法之一，用的植株数量较多。树干紧密贴拢，各有角度。

　　现在见到多株并造的形式变化大，直曲斜卧临水小悬为多，山型丛林少见，以此桩的树身为基本形态接触泥土诱导生根，可以做成山型和丛林，小苗育桩就可做出树桩盆景的所有形式

收藏　王伟
树种　火棘
形式　临水式
规格　70厘米

# 金弹子小苗育桩用什么苗子

　　种子苗的优点是数量多，培植容易，成活好，生长快，是金弹子小苗育桩的首选。缺点是雌少雄多，如果觉得金弹子就是观果盆景，那么今后进行嫁接就是必然的。

　　扦插苗可以直接得到母本树苗，免去嫁接的工序，得到的苗木数量多，品种好，品种丰富，凡是现有的观果好品种都可直接得到，冬瓜果、葫芦果、梨形果、灯笼果就不是罕见的果形了。用健性结果的植株进行扦插，年年硕果就不是理论上的了，而是实践的目的。小叶品种也可得到大量普及。

　　嫁接苗，用优良品种做嫁接，直接得到母本的苗子，见到的品种都可得到。嫁接苗除了结果好，还有生长速度快于实生苗的特性，成型更快做极化的大中小树干，上下左右立体弯曲拐摆律动，尽量多做扭拐。控制点在树干的极度弯曲，弯出急促、复杂、立体、上下左右前后扭曲拐摆形态来。如左图树干有极化的上下左右前后的立体多向弯曲和变化。规格在 4~6 厘米，也可定在 8~10 厘米。

极化的判别标准有程度高低不同，低级的标准这个桩也达到了左右弯曲极化的程度，但缺上下和前后的立体拐摆。小苗育桩必须是立体的极化弯曲，才更有耐看性

制作　夏云

# 小苗育桩的管理

小苗育桩要加强制作，多用时间，及时弯曲，枝条适时跟上制作的节奏，就可顺利长成。投入精力，讲究技术，注入蕴含，一定会用小苗育出精美的作品。

金弹子蟠扎后基隆处最容易出芽，严重抢夺造型枝的养分，2年就可以反客为主，助长枝成为主导，原生的造型主枝被压制到不生长。对此要在它冒芽的时候就抹除新芽，扶助造型的原树梢生长。培育是更加有难度，基隆的弯曲处不断地生长徒长枝，严重抑制造型枝的生长，必须克服调度养分的输送方向到树梢。前期虽然助长枝减少，后期的树梢长势有了才可成功。每年都要注意剪除基隆的徒长枝，即使要助长基隆的膨大，也不要超过一年的时间，采用轮换助长的方法，用新的助长枝助长对金弹子前期是更好和更必须的。成都的经验是在基隆处盖土以减少弯曲的基隆发芽。

金弹子小苗育桩有它的独特性，造型难度大，它的嫩枝脆而硬，难于做极化弯曲，必须分次蟠扎才能达到立体极化，做小型的极化更难有死曲的角度。操之过急一次造型到位容易折断树梢。还需使用粗些的金属丝，增加接触面积和力度，来保证造型的顺利和达到预期角度。

金弹子小苗预先育成细瘦的高苗，长度到1米以上造型就有基础形态，二次树干造型树梢部分就可完成，这也是做好金弹子形态的好方法。育苗要增加钾肥的分量，苗子韧性强一些有利于顺利造型。

细瘦有高度的苗子一次就可以蟠扎出基本形状。二次造型做极度的扭曲调整，借以时光用大水大肥、地膜覆盖等措施，金弹子生长加快，会有很好的造化

# 小苗育桩快速成型技术

　　小苗育桩快速成型的技术，扶助树梢为主导生长方式，用两侧助长枝多次助长，大水大肥，强光多土，造型后的放长技术，长度要上天横走要铺地，达到8年5厘米。夏季伏天浇水肥1次，一个月撒复合肥1次。杀虫、助长药剂1次。或土内围养小鹅轮换除草。地膜覆盖土壤，搭温棚助长。这些措施用上去就可快速成型。饲养场便宜的肥料可以利用快速成型。

　　发挥地栽的优势。地栽长势强健，应用好土地和肥水光照的条件，将形状做到极致，树的根干枝叶都要往极致发展，塑造人所能想象得到的极端的难度的形景意。树干极化，树枝骨化，树叶小化树根观赏美化。育桩要有预见性，知道今后通过生长可以做成什么形状。

　　只要有功夫去做地栽，强大长势就能造化出你所能想象得到的高难形象来。

　　金弹子小苗育桩各方面都好，但介壳虫却要命，一旦染上多了对树枝有致命的危害。大批量生产传播快不容易控制，一年需打几次药，还不容易根除。唯有预防，到春秋天按虫情可能发生的季节，不管有无虫情都需提前打药预防。不可看到虫情再打药，那就迟了。

极化的初次弯曲形状，几经上下左右的变化。小苗造型要有前瞻性，预见得到今后生长会发生的膨大挤压、扭曲拐摆的变化，会出现什么样的效果。上部树梢最有助长作用，增粗作用明显

细小的树干连接较大的桩体，采用两头用土把它顺利地栽种成活，显示了金弹子超强的生命力和优异的栽培性能。只要正常的进行养护管理，无论多老的金弹子都可达到80%～90%成活率

# 金弹子生桩的栽培

　　树桩的栽培是利用人工条件对下山桩坯的成活生长成型的系列技术措施达到培育造型目的。

　　生桩栽培的成活几率高于2年内的半熟桩，因为下山的生桩树体带有的生长激素正常，栽培1～2年的半熟桩树体的生长机理没有恢复到正常的水平上，上盆和翻盆脱土多，对它有如过生命的难关。新栽的金弹子生桩，不可急于上盆，只栽了一年时间的桩，根系并不丰满，只能维持桩体生命的延续，保持的是基本的新陈代谢。吸收的养分消耗大于积累，此时移栽不能伤根动本，少许的根系附带的泥土少，受到伤害后活力不好，呈现发芽慢、缓苗期长、易干枯、易死亡等现象。许多栽桩人有这个体会，翻盆的一年桩动了根死亡的风险大于生桩。少动根系和不动根系可以减少危险。我和江津的邓永基面对实物讨论过这个问题，他也有同感，并有实践经验和教训。

生桩浸水可提高金弹子的成活率

图片提供者　曹明君

用保鲜膜包缠树干的大部，达到保湿、保温的作用，可以明显提高生桩的成活率

图片提供者　高云

树干包缠塑料薄膜保湿保温可明显提高金弹子生桩的栽培成活率，是近几年的成熟经验

生桩购买经过栽截后的状态，根多干少　　用砖围土在楼面栽植生桩

发芽生长上盆培育　　初成型的根连大丛林

楼顶栽植金弹子生桩的过程图

制作　高云

苍古奇异，树干走势复杂曲折的生桩未用特别的措施，就栽种成活了

# 金弹子雌株的获取途径

金弹子树桩为使其结果有果可观，在两种情况下应使用脱胎换种的技术。一是雄花出现已经知道为雄性植株后，如不是只为观形就要及时嫁接雌枝。还有一种就是出枝半木质化后就直接嫁接母本，进入枝干造型，今后就会是可以观果的雌树。嫁接的树枝生长速度快于原生枝条。

扦插雌树枝条，直接得到母本的苗木，用于小苗育桩。

嫁接结果能力强

通过扦插得到的雌株

图片提供者　寒残冰

# 金弹子病虫害管理

　　金弹子病虫害性状特征典型，少病虫害，偶有黑斑病。少见虫害，没有蚜虫，只是偶尔有青虫和尺蠖窃食幼叶。唯有介壳虫对盆栽金弹子有严重的致命危害。

　　养护好是预防病虫害发生发展的基础，平时养护好可以减少病虫害的发生。黑斑病可以通过摘掉病害树叶、加强施肥、通风透光等措施加以控制和消除。发生虫害数量少的只需手工杀灭，多的才可药物喷杀。介壳虫就需要专用灭蚧药物提前预防。

尺蠖可以对金弹子造成窃食

尺蠖附着在金弹子树干上

黑斑病可以通过摘叶、通风透光得到控制

通风不良易于出现黑斑病

# 金弹子栽培管理技术

金弹子耐水湿的性能有周期性变化，初春生命力旺盛，长势转强，发芽叶多，需水较多。早春浇水多，从这个时期盆土的颜色快速变白可以看出干土卖块。夏秋时节生命形态维持性强，盆土变白慢于早春，浇水少保水时间更长。

肥料管理，全年可以施肥，薄肥勤施，夏季伏天和冬季适度减少。

金弹子水肥管理的原则，避免过湿过干，保持长期湿润而不是过湿过干，枝可湿根需润，不干不浇水，浇水要透，见干见湿，不浇半截水，防止水害。熟薄肥勤施，施肥前松土，肥后还水。不要过浓，肥多伤树，肥少亏树，适量养树，防止肥害。光肥温度均衡，利于树木吸收利用。春秋生长期施肥的间隔时间每月一次熟薄肥，金弹子可以生长良好。

金弹子需要的肥料少于其他树种，保证结果在于磷钾肥合理。

金弹子每年周而复始的生长发芽，有固定的规律。金弹子生长受地上部分和地下部分以及环境条件的影响，冬季后温度回升树叶生长波出现后，树根进入生长高潮期。根叶互相促进，叶茂根深，重要的是抓住春季、初夏、秋天三个时期的枝梢生长和平时的养分积累。开春的春芽可以为树体积累养分，帮助树根的生长。夏和秋阳光强积累养分更旺盛。肥水光气要跟上，则根、干、枝、叶、花、果均可优良，树叶油绿，枝条粗壮，花繁果硕，根系丰满，年复一年。

枝叶的放长是炼根的基本方法，此图直观体现了根深叶茂的关系

放长期间对根的观察

大量枝叶的放长和助长，养分累积根系增粗后的培育过程图例

光照、肥水充足，枝、叶、果均良好

楼顶充足的光照，较多的枝叶，适量的水肥，是生长快速的基础条件

在阳光和肥料的作用下金弹子的树根旺盛发达

# 金弹子育根技术

　　根的培育是多样技术结合的产物，重要的是光和肥水的综合均衡供给，肥的成分以氮、磷、钾为主，微量肥为重。有机肥是最好和持续力强的肥料，化肥以复合肥为好和安全。地栽在雨前及时使用复合肥最好，盆栽最好融化在水里使用，农家肥稀释后适宜在晴天施用，肥效作用在泥土内。光肥要结合，光肥要均衡，肥效才更能发挥促进生长的作用。生长时期春季和秋季是育根的重要时间，用肥要勤，掌握好浓度，三五天就可以薄肥勤施，可以达到花繁叶茂、叶厚枝壮、叶色浓重、根叶比例正常的效果，树根必然会粗壮。那就生长观赏两不误。

　　作为观赏根除了养护的培育还要适度的造型，人工给以干预，使根蟠曲隆起扭曲拐摆，才可保证优良形态的出现。金弹子树根适度的出露，在光、肥、气的刺激下树根通常生长良好。

　　金弹子的炼根是根的培育的方法之一，根的培育和光照、肥水、树叶的多少密切相关。通过对根的锻炼，达到培育丰盛的树根，起到快速成型、旺盛生长、健壮长寿的作用。

用造型枝养根，根叶比小。8年后经过时间的积累，根系有了较好的发育，观赏效果养出

制作　高云

《曲与直》

早期少量枝叶未经过多年时间的养分积累，可供观赏的根系还没养成，根的观赏效果还不到位

在温度适宜、光照好的情况下，植物干长根，湿长叶。见干见湿，干透浇透，多予干旱又不长时间缺失水分，反复地进行，就可强力地促使树根生长，同时也就可促枝叶生长，本固枝荣，叶茂根深，这是炼根的相互作用和反作用原理。

强力的放长，用大量的枝叶促进树根的生长，是形成树根体系的基础。根叶比是正相关作用，叶多根才会好，只有多数的叶才有粗壮的根，作品枝叶修剪多而勤要长时间大量的枝叶形成的养分积累，才可培育出可供生长和观赏的根系。

金弹子根的培育就是抓住肥水、光照、空气、温度的综合作用的规律进行合理的管理，确保肥水光照的均衡，重点是生长期间反复干旱地锻炼根系，促使根系发达丰满粗壮，才能具有观赏价值和更好的生长状态。

用金弹子的根蘖芽育根它可快速增粗下部的树根，比自然增粗树根快几倍，有明显的刺激树根长粗的效果。但它只对它的下部树根起作用，而上部的树根无法增粗，形成粗细不均的状况。

经过培育锻炼的金弹子树根

图片提供者　张玲麟

需要培育树根就要放在强光的地方，配合肥水的干湿交替进行

制作　高云　曹明君

# 金弹子控叶技术

用2,4-D喷叶，矮壮素等抑制剂可以抑制树叶的长大，形成小叶化，提高观赏价值。除草剂也可对金弹子产生抑制作用，树叶极度小化卷叶，难于生长。

叶的控制可采用干旱法和摘叶法，断根法也可在当年形成小叶。环境条件严酷也会形成小叶，江津的邓永基先生住的江景房顶，长江风吹不断，树叶蒸腾加强，盆土失去水分快，长期如此，他的金弹子树叶在少水的条件下，全部保持了小叶状态。

金弹子成熟树桩最好要控叶，控叶是在成熟进入观赏期的树桩上采用的抑制培育的方法。目的是形成满树小叶化，增强叶和枝造型的观赏效果、较长的延长观赏时间。树叶较小叶骨可以共同观赏，透过树叶可以观赏到枝桠形成的骨架，体现树木的沧桑遒劲之力量，同时可最大程度体现枝骨的自身线条走势的美感，体现结构的美感，很好地展示最佳观赏效果。

控叶采用摘叶和干旱控水的办法进行，秋季摘叶后新发的树叶比春季更容易发生小叶化，较正常树叶小1/3。观赏期可以保持5个月，到第二年4月春叶出来的整个时间段。

夏季、初秋摘叶必须满树剪完树叶，缩剪枝梢，半月后可以发生新叶。半摘树叶发芽不均衡。干旱法控叶在生长季节反复采用控水不控制肥的方法，长期保持干旱状态就可实现小叶化。满树剪叶还可促使剪口部位出芽，生发后位枝。

翻盆的时候剪去大量多余的树根，也可因为养分缺乏形成暂时的小叶。

小叶具有较好的观赏性

# 金弹子繁花硕果技术

树木结果是遗传现象，只要环境条件适宜开花结果是自然的。盆内培育金弹子可以提供更好更全面的水肥植保条件，还可修剪增加光照的透射空间，控制培育和促进培育相结合，因而能够花繁、叶茂、果硕。具体的就在掌握好繁花硕果的条件和技术。

嫁接后带来果形的变化，一个部位多种果形，有葫芦果、圆形果、卵状椭圆形果、枣子果

一般的金弹子母树只要有根系形成后，肥料不缺，或者不单一，就会正常开花结果。不开花结果就要在光照和养分、修剪多方面找原因。光肥不足不具备开花结果的条件。秋季修剪过晚、温度低、新枝花芽分化没有一段时间和温度维持就入冬，来年开花就难，结果就更难。要硕果秋季需修剪提早，在初秋进行短剪，多保留春枝。春枝积累了一季的养分才可在来年开花结果，晚秋枝养分积累不足，开花结果较难。

培肥土壤要使用有机肥。油饼是良好的肥源，需要沤制腐熟再使用

适度使用腐熟的有机肥可以培肥盆土，使盆树生长更有力

土、肥、水、气、光根系正常，金弹子结果就会好

蟠扎时候损伤了树干，当年形成左下部的伤疤，第二年就结果了，且损伤的上部结果多，以下的枝条少量结果或不结果

另外，金弹子树干伤损后容易结果，左图是地栽两年的扦插苗，栽后一年春季蟠扎时候伤损，生长季节愈合，秋季花出，少量秋果。下页图也是伤损后出现的结果现象图例。我的小苗有多处损伤后结果的现象，这是金弹子结果的特殊手法。

充足的肥料是开花结果的首要条件，光照其次，修剪和修剪时间再次，局部荫蔽也可以少量结果，盆龄长是结果的条件。肥料好必须泥土肥沃，培肥盆土要增加有机肥和磷钾肥。秋肥要充

金弹子小苗造型被损伤，第二年损伤的上部结果和叶黄

足，对花芽的分化孕育更有保障。秋肥尤其不可忽视，不可使用单一的氮肥。

通过修剪，促花果。修剪要整树进行，局部的修剪弱势枝不容易出芽。满树修剪出芽整齐。

修剪还可以实现养分的调度调节，方法是壮枝强度修剪，弱枝留叶不修剪，让弱枝得到扶持，强枝受到抑制，把长势调度到弱势枝条来。

每年金弹子6月果实就膨大了，此时果和树叶的颜色没有反差，不易观赏到果子的形态。等到自然红熟要10月份，还需等待4个月，时间太长。用乙烯利生长激素稀释后按比例涂抹果实的果柄上部，可以使果子提前变红进入观赏期，得以更早的观果或实现商业价值。

金弹子有健性结果的品种，很正常的管理就可硕果累累。过多的果实可能伤树，不利于树的均衡生长，不利于每年均衡结果。疏果可以克服大小年，保持年度的均衡健康生长，防止发生意外。疏果在幼果时就要进行，疏花比疏果更有保护效果。

金弹子嫁接除了可得到母本的结果功能外，还可得到快速生长的效果，嫁接有生长快速和结果能力加强的优势。它的原理不甚清楚，但实践中表现得很明显，尤其是结果能力明显增强。

# 金弹子过渡枝培育技术

金弹子在重庆通常是盆栽培育，很少见到树枝有良好的粗度，缺乏过渡状态。有好桩没有好的过渡枝，与岭南盆景有很大的差距。金弹子要培育良好的过渡枝其措施需要地培长时间放养。

地培得大地的哺育，利用大面积泥土让生长迅猛，较快就可增粗树枝形成丰满有力的骨架，做出观骨效应。

栽培管理干长根，湿长叶，润长骨，氮肥长叶，磷肥长果，钾肥长骨，干湿交替，薄肥勤施，见干见湿，保润不湿，都是实践总结的盆内栽种金弹子的经验。还要遵循水肥管理的原则，做到：一，避湿防燥达润，枝叶可湿可燥，根却需润，达到最佳的用水状态；二，不干不浇水，浇水就浇透，见干见湿，不浇半节水；三，薄肥勤施，施肥前松土，肥后还水，利于吸收；四，肥多伤树，肥少亏树，适量养树，防止肥害和水害；五，光肥温度要结合，才利于树木吸收；六，注重肥水效益，减少盆面径直外流，防止环境污染。

套盆让树根长出底孔，培养助长根，去吸收更大面积的养分是育根、育枝快速成型的方法之一

图片提供者　张玲麟

# 金弹子的制作形
# 式与造型技术

# 金弹子树桩产生的条件

　　各类姿态树桩的形成，需要各种各样的条件，尤其是异常的条件。正常条件下，树木竖直生长，根深干直，没有用作盆景的审美价值。只有在特殊条件下，才能形成弯曲、倾斜、悬挂、扭旋、挤压、膨大、根部出露等特殊形状。

　　金弹子有各种各样的树桩形式，产生的条件源于四川、重庆的地理环境，如山石、高温、丘陵、泥石垮塌、气候变化、土质软硬或夹杂石头。当这些环境因素变化时就可造成金弹子的异形发育，形成变化的桩坯。过去农村因缺薪材而人为地大量樵砍，长期反复不断，他们只砍树干不砍树根，也是形成桩材各种形态的重要因素。

　　种子发芽后通常是树干向上树根向下，定向生长。如果种子的胚芽向下时，会形成芽向下生长后再弯曲向上，根向上生长后再弯曲向下，这是植物的向性生长决定的，违背其生长特性，变异就可能产生。

因形赋意可以施加文化内涵的金弹子桩坯。这个桩坯网友给以了14个不同创意的内容，如体育竞赛、投掷夺标、急奔的兔子、跳舞等

金弹子大型的奇古老桩，由此可看出金弹子树桩的一些变化

图片提供者　任家明

蜗牛背着重重的壳爬行
形象。也可视作一山又
一岭进行制作

制作　高云

这是大自然的杰作，形
式让人不可思议

初步成活后的状况

图片提供者　高云

可以深度发掘文化意韵的金弹子桩坯。网友给出了
摘桂、蓄势待发、扣球、醉舞或舞之魂、舞俑、春
暖燕归、醉打蒋门神、等待发令枪一响、奔、速滑
冲刺、雀之灵、雪山飞狐、纤夫的爱、搏击——浪
遏飞舟、会挽雕弓如满月、风驰电掣、项庄舞剑、
博击中流或攀登等富有涵义的名字

图片提供者　游寿宣

# 各种形式桩形成的条件

种子受光照影响；根受泥土中石的阻挡及泥土变硬；树干受地上物体的阻挡、缠绕，都会产生各种异形弯曲的发育。

长于岩石中的幼树，受岩石的阻挡，树干弯曲扭旋，经多年生长增粗后，变成形态异常变化有姿的树桩。有的弯曲在树的直径长粗以后，会发生挤压，促使局部变形膨大，成为形态异常的桩头。

生于岩壁上的树，单面向阳，根向壁内生长，干向另一侧生长，会成为有动感有反向根的斜干式、悬崖式、临水式树桩。

在岩缝中，石缝挤压不断长大的树根树干，树只能在石缝形成的模型中生长，石缝是什么形状，树根树干就会长成什么形状，似用模型铸锻出来一般。

山体泥土的垮塌，凸出的泥石和树木压迫小树，会使树干弯曲向下或斜向生长，或下悬于壁上。树木的向性生长会使其抬头向上，形成天然的悬崖树相。

在山垭的风口上，风的力量反复作用迫使金弹子小树弯曲，异形发育，可成弯曲变化的树姿。人的反复樵砍，动物的啃食破坏，树木顽强的再次生长，也会促使树桩异型发育，形成姿态变化万千的树桩。反复樵砍，形态会更异，观赏价值更高。

树根、树枝单面强势生长，会使一侧树础、树干生长加强，形成板状或棱线，这也是对树形进行的塑造。

树干受外力作用，生长中会形成孔洞、疙瘩、瘤状物、愈合组织。外力作用越频繁，疙瘩、瘤状物越多，生长势强，则会越大，美感越强。

这些变异现象都需要漫长时间与外部异常自然力量和自身内源条件相结合来形成的。少则几年多则几十年，甚至数百年。时间越长变异越强烈和明显，盆景美学的效果更好。

符合盆景审美要求的树桩，有的必须从幼树才能形成，如各种弯曲、扭旋斜倾的树根、树干。有的需要反复樵砍、动物破坏，才能形成，如异形发育、愈合线、舍利干、孔洞、瘤状物。共同的条件是必须生长势好，根系发达，时间超长，才能增粗成型。人工可以仿照外力条件给以刺激，在树上产生符合盆景树桩要求的各种异形形状。

现在见到的金弹子形式有直干式、斜干式、曲干式、悬崖式、根艺盆景、以根代干、丛林式、异形式、一本多干式、树山式、象形式、尤其以金弹子的异形式、丛林式、象形式、树山式最为出彩。

　　金弹子根蘖苗的生长情况，分布在老根的各个阶段上，连绵不断的生长发出，数量多。利用这一形状可以得到母本的植株，可以得到根连丛林式的造型。

　　实生的种子苗做小微型，是玩金弹子盆景的简便方法，不花钱就可玩金弹子，还可极大地享受玩金弹子盆景的整个过程，乐在其中。

弯曲挤压的异形发育的树桩

图片提供者　李华培

在石头缝隙的挤压形成
的金弹子桩坯

图片提供者　高云

这个树桩被发现的时候只有顶部细
小的树干出露在地面，挖向地下才
发现它的精彩部位在泥土中。它的
形成就是人的不断樵砍和泥石对根
的阻挡形成的金弹子扭曲树根

图片提供者　高云

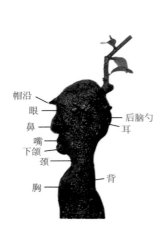

帽沿
眼
鼻
嘴
下颌
颈
胸
后脑勺
耳
背

人头的形象达到了惟妙惟肖

图片提供者　左世新

双兔依偎的象形桩坯

图片提供者　曹明君

挤压弯曲扭旋膨大变化的金弹子桩坯

图片提供者　高云

金弹子制作挂壁的盆景形式。以盆为纸张，以树石为材料，在盆里面造型成景写意出作品

制作　高云

老干挂壁，泥土少树干大，在重庆夏季一样养活。

此作远景浩渺，林山飘逸，似泼墨入画。挂壁式是布景形式的另类，也是可以摆放室内几座陈设的形式，还可以得以应用。高云先生系列的挂壁式形成了又一个性风格，表现作者的爱好审美情趣

制作　高云

山形丛林坯子自带景观，形成难，制作难，是树桩盆景的高观赏价值的形式

制作　肖庆伟　腾彩明

# 金弹子树桩盆景造型目的和重点

　　树桩盆景造型是制作人驭使树势及干枝根叶按技术章法造型培育定型，并融入人对作品的赋意过程。不只是塑造外形，而是对树木生命形态的驾驭，通过外形反应出人的主观意识，将形、景、意融合在一体的技艺之所在。

　　金弹子下山桩的造型技术与其他树木相同，按结构的根干枝叶分步进行。对树干是构图取形出势、对树枝是取方位后蟠扎走势取形、反复塑造、培育、修剪、定型，对树根是出露得到观赏根，对树叶体现生气的综合过程。

　　造型目的是表现树木的经典形象和形象所蕴含的文化品位。

　　下山的金弹子树桩的造型重点是做枝片，无需制作树干，因而造型就要注意方向位置和细节，各个小部位、关键部位一定要做出气势，做细做好。也要求用极化的方式，如文人树下垂之处多揉动几下，来几个扭曲拐摆，为细节增添难度技术，就可有更佳的耐看性，观赏价值就会增加很多。上下走势的大弯里面要含有左右扭动的小弯子，这小弯子就增加了细节。

树桩是山采的自然桩，树枝的制作就要依赖人为因素

# 造型基本功

　　树桩盆景造型除了讲究样式外，还必须讲究基本功。造型的功力需要在实践中不断地锻炼，干中学，学中干，逐渐练就造型蟠扎的技能，其功力反应在造型后的实物中。造型过程中，心中先要有形，按心中设想的形态分步到位。造型刚开始效果并不中看，但随着时间增长，造型效果会越来越好。造型后经过培育会产生什么样的效果要有预见性。被铝丝限制压迫树干的有的部位要收缩，有的部位要扩张，金弹子限制挤压后变化尤其表现突出。有了预见性可以利用其特性，做出变化和创意。

　　造型基本功里做什么样的枝形是基础。枝形有很多的变化，也很重要，能体现制作者的技术和艺术潜质，也可展现个性，决定作品的观赏价值。应根据材料因形施技，注重构图取势和枝的形式。枝的形式要有变化，不能变化谓呆板，主枝造片出枝互相要有短有长，部位不求对称而求潇洒活泼，要有节奏和动感。造型慎用向枝和背枝，向枝遮住了树干姿态和走势，影响了树干欣赏的连续性。有缺陷的树干，才宜用向枝作藏露得体的处理。背枝可用作培养枝，帮助树桩生长用。低矮树桩的背枝片，在结构上造成画面不够空灵，影响主干姿态的表达和欣赏。家庭室内应用陈设时，无法靠拢墙壁，所耗空间较大，陈设不甚方便。背枝在高干体态树桩上，可加大桩景的纵深和透视感，增加立体空间的位置变化。

　　造型的基本功需要练习，干中练，练中干，在实践中增长技艺。金弹子各种树枝的软硬状况，蟠扎性能，在各种条件下都不相同，蟠扎时采取的办法也不相同。需轻重缓急，分步到位，对症下药，灵活进行。造型既要动手，更要动脑，技术与艺术结合，动脑重于动手，才能反映出作者的基本功与审美情趣，达到一定的程度形成个人风格。

　　造型基本功不单依赖人的技艺，还要人树结合用时间来铸造和锤炼。造型后的枝条经过较长时间的生长发育，才会变得老态龙钟、形态典雅、入诗意入画理，才能体现造型的思想。有许多制作者对蟠后时间不长的枝条感受不大，时间久后，才感到和看到枝条产生的变化和魅力。有基础的制作者，能够充分预见和利用树枝的这种变化，制作出别具一格、不同凡响的造型来。

# 蟠扎造型技术

　　造型时间以生长季节为主，只要不蟠断树枝，四季皆可蟠扎。而春秋早期蟠扎后进入生长旺盛期为最佳造型时间。也可以枝条绵软的时间为好，未木质化前幼枝脆难于操作，粗枝硬度和体积大，弯不好形态。每年5月或11月枝条韧性好便于做出极化的难度。枝条细更有体积空间做弯曲小的极化姿态，也不易折断，操作还方便容易。

　　提倡金弹子嫩枝造型，造型后放长，比放长后造型效果好很多，节约时间，减少工作量，快速成型。

　　嫩枝是指金弹子的树枝刚木质化、柔软有弹性而不容易折断的时候，此时枝条细瘦不脆，屈服性好，对生长的影响不太大。

　　提倡极化造型，弯曲做到立体的极致，上下左右立体的扭曲拐摆、跌宕起伏，通过后期放长达到扭曲、挤压、膨大、变异，得到良好的过渡形态。

**蟠扎季节**

生长季节蟠扎有轻度伤损但不会死亡，后期可以愈合，还可促成结果

金弹子嫩枝搭丝开始蟠扎的时间最早可以在如此稚嫩的豆芽菜阶段就进行。这是准备蟠扎前的图片

这是绕丝蟠扎后的状态，其上面是硬枝蟠扎的比较图，硬枝需要的金属丝粗，还达不到做嫩枝用细丝的蟠扎弯曲的程度。同一树上，同一条件方法，不同的效果在图上比较后就一目了然了

硬枝造型解丝后姿态平平。这是嫩枝蟠扎其后的树枝生长定形的示意图。经过4个月时间就定型拆丝，长成扭曲的形态

# 培育与放长

　　金弹子造型后要着力培育和放长，通过放长达到造型效果的体现，放长程度越好，造型效果的体现就越好。放长形成的树枝挤压膨大扭曲还可放大造型效果，达到苍劲古朴力量的境界和意韵。培育增加生长效果效率，放长增粗造型部位。培育是植物养护促进生长的肥水光气土温措施增强。放长是在培育优良的基础上利用枝叶比例大、树叶多的条件，加强光合作用，充分积累养分，促进枝干生长加粗的必然技术方法。后续的回缩修剪小枝的技术都是在培育放长的基础上进行的。培育与放长是造型效果实现的保证技术。重庆的金弹子树桩盆景造型呈现的过渡枝不粗的普遍状态就是造型的保证技术措施培育与放长不到位的结果。

　　一级枝管走势方位，二级以后的枝形成枝组，形成生动的气势姿势。

培育放长好，枝条过渡好

制作　高云

# 取势和取式造型

取势是对素材因形赋意，用构图的方式达到规定的形式和体现一定的格调气势，是在树桩之上与盆结合进行的。构图取势关键的一步，要应用树桩盆景的创作原理，对素材最大程度地利用它的形状，来达到形意的结合，形载神神寓形。取式利用原材料是最好的造型。取式就是塑造树的形式，可以构成多种方式，做树形，做韵味，做变化，做个性。

树枝的造型居于取势之后，但工作量大于取势构图，以至于人们口头上说的造型通常指的是树枝的蟠扎造型。

根据素材根、干、枝的条件取势成悬崖式。树干侧挂，双梢斜走，由侧过渡到正面，取势的方法造就出了好作品。悬崖式的制作取势方式自由变化给了作品更大的空间

《夺冠》

取势定型为象形式，命名为《夺冠》。

# 修剪的意义和时机

修剪是造型方法，没有修剪就没有佳品成型之说。

在树桩盆景的造型、保持造型风格样式上，必须反反复复定期或不定期地进行修剪。修剪是造型得型、成景的一种加工方法，利用好了，作用较大。剪枝的实质是留枝，每一种造型风格都必须采用。

金弹子修剪的原理利用了树的顶端优势和产生不定芽的树木生长特性，来达到造型作用的。金弹子树木的枝梢受外界条件干扰，顶端一直向前生长，越来越长。其长可以增粗树干和树枝，但作为造型和保型，过长却无利用和观赏价值。树桩盆景在枝干达到一定的直径后，为了造型优美，比例合适，促发侧枝，也需经常进行修剪。

修剪得太早，新枝不够粗壮，木质化程度差，宜在当年增粗生长停止、木质产生后，即时进行短剪。盆龄很长枝骨已形成的熟桩，尤需保持形态骨气，要采用去梢的办法，树叶有三五片时，即行摘梢，控制住芽不要变成长枝，使枝叶关系合理，叶疏骨密，产生叶骨共观、透叶观骨的效果。

金弹子修剪后，保留了较美观、有比例、有技术难度的观赏骨干枝，能给人以美的感觉，这是人的技艺的体现。反复利用其出芽的角度，可形成鸡爪枝、鹿角枝。可露出枝的基干，透叶观骨产生美态和老态。

利用修剪，平衡调节养分供应，使树的生长在制作者的有效控制下按人的需要进行定向输送，也是一种技术效应。

摘叶的修剪效果好，易于观察，方便操作，不会误剪和漏剪，形成的鸡爪枝效果好

制作　谭守成

金弹子较大的修剪需择时而行，有时间效应。生长机理旺盛的初春是树木萌发力最强的季节，剪后都能发芽。日常的短剪，生长期随时都可进行，因其修剪量比较少，枝上留有树叶对生长影响不大，剪后发新芽是迟早的事。金弹子春季新枝生长较快，伸长了的枝条破坏了树桩的构图比例，为保持最佳观赏效果，需择时而修剪。

摘叶后一目了然的树枝

伸长了的枝条破坏了树桩的构图比例。需要择时修剪，维持最佳观赏状态

四　金弹子的制作形式与造型技术

# 修剪方法

修剪方法有缩剪、疏剪、短剪、摘叶、去梢。

缩剪是对多年生的枝组进行回缩，在枝干的基部上进行，是恢复树势、克服树衰退的生理措施之一，也是体现枝条姿态的必须措施。

疏剪是将多余有碍观瞻的枝条从基部剪除。疏去多余的枝条，能使养分供

树枝依靠修剪，造出
良好的金弹子作品

制作　谭守成

缩剪、疏剪、短剪、
摘叶、去梢各种措
施使用后产生的造
型效果图例

制作　谭守成

应平衡，有利造型枝的生长变化。疏剪应用比较多，在保持造型效果和造型比例上的作用较强。

短剪是将生长过长的枝剪短，使树枝造型效果比例恰当，不破坏原作造型风格，可以刺激下部枝条产生新芽，改变养分供应对象。短剪在树桩盆景上，必须经常应用，金弹子短剪后无叶的枝条可以发出新芽。

摘叶也可剪叶，是将多余的叶、形状偏大的叶、老叶、黄叶、病虫叶等去除的方法。摘叶后树形清爽、通透、受光好、观赏效果也好。

去梢是最早的修剪，在嫩芽刚展叶时随手就可进行。随着观赏、观察即可完成，也可专门进行去梢。去梢可尽早控制枝形和叶形。

树枝修剪后的效果图

图片提供者　罗世泉

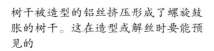

树干被造型的铝丝挤压形成了螺旋鼓胀的树干。这在造型或解丝时要能预见的

实物来自　高云　曹明君

# 枝片造型

枝片造型不但要讲究功力，更要讲究形状样式。造型样式是骨架，功力是血肉，只有骨架没有血肉无活力，有骨有肉才有艺术活力。

枝片造型讲究样式有一定的规矩或规律。骨干枝上应在基部就有曲折起伏变化，尤其是制作精品。分枝应排列有序，逐步细于主枝。各级枝组依次递减，小于上一级枝。枝的分佈应脉胳清晰，不严重交叉重叠，互相遮掩。枝上的叶不求密而求分布合理，突出脉胳树相，外轮廓上枝叶要有生气活力，方显功夫。各小枝力求做功，达到见枝蟠枝，枝无寸直，一寸三弯，精扎细剪。经多年栽植有计划地培育，外形进行苍老处理，树相抑扬控放相结合，形成苍骨嶙峋的老态和蓬勃的生机。

枝型要能变化，造型注意活泼，不要过于对称而流于呆板。枝片设计要有短有长，长短配合恰当。枝上有枝，骨重于叶，透叶观骨，叶骨共观。风格要和谐统一，鸡爪枝与鹿角枝、平枝与波折枝、长枝与短枝、转折枝与回旋枝、下跌枝与上扬枝、风吹扬动静止下垂枝、放射枝与扭曲枝等，选配要讲究风格。该长则长，该短要短，宜动则动，不宜动则静。抑扬顿挫，要形成节奏，潇洒活泼，稳重端庄，皆需体现。曲折回旋因势而设，下跌上扬飘斜横出，动感强烈因形而立。将稳重、活泼、动感、变化、曲折、苍劲作为造型形式上和

讲究形状样式骨干枝上在基部就要有曲折起伏变化。分枝应排列有序，逐步细于主枝。各级枝组依次递减。枝的分佈脉胳清晰，不交叉重叠遮掩

绘图　龚曦

意境上的一种艺术追求。讲究技术含量，讲究耐看性，讲究极化造型，达到扭曲拐摆、跌宕起伏、立体激荡、有透视有骨气的效果。

枝片样式极多，云片较为常见，较易制作，也较易保养维持。各派都有云片的变型式，变化较大，做不好易出现过于端庄、呆板。做好了凝重、轻快、飞扬、动感都能体现出来。因所占空间较满，圆片较为少见，圆片宜半圆不宜过大，否则易使枝干比例失调而显呆板。薄片仅见于扬州的巧云式，作为一种造型风格而存，维持原作的形态所需的技艺和时间太多，采用的较少。海派的枝片处理较简洁明快。岭南派截枝蓄干法比较独特，操作方法比较简单，但培育造型的功夫较深。中州的垂枝式有创新，将杨柳的动静与环境配合反映得天衣无缝。湖北的风动式造型也是创新和创意的结合，能反映树木与自然和谐相处的另一面——抗争，也能反映时代精神。

金弹子枝片造型要有起承转合、聚散收放、抑扬顿挫、转折起伏、伸屈顺逆、跌宕回旋的线条变化。受传统文化的影响，人们以曲为美，符合中庸之道的社会审美观念。受自然界山水树石的感官影响，以起伏变化，曲折有姿为美，符合自然造物的存在美。它们都能使人产生美的感觉，体验到美。树桩盆景艺术将形式美、技术美与生命美结合在一起进行创造利用，形成了树桩盆景独特的具有生命活力的艺术美。树桩盆景成为了人们生活中的一种艺术美的形式，因此它有自己的美或美的表达方式。

取势风格简洁，不工而功。出枝位高节奏跳跃，抑扬顿挫长短结合，舒缓流畅，重骨轻叶，形质气韵溢出

绘图 谭守成

四 金弹子的制作形式与造型技术

115

# 造型中的细节处理

树干、树枝的立体弯曲有前后、左右、上下多个方向，还有相互间走向的细节变化。立体造型方位严格，达到三维空间的灵活走势，而不是二维平面的呆板。扭曲、拐摆、旋缠、挤压，极化之姿态可以达到灵异的境地。禅意达摩意境是空灵秀幽，少枝短枝重骨，稀叶点缀枝骨，体现出一种格调。

无论是树干或树枝的造型方式，均要写意、写实结合，写意重于写实，寥寥几笔可以超越自然大树的姿态，又能表现出古树的神韵，给人姿形的视觉享受和蕴含的文化美学熏陶，刺激到思想，帮助塑造美好的心灵。

树枝与树枝之间的距离要合理，方向参差错落。对称的出枝要避免呆板，错落有致就会生动灵活。树枝与树干的方位必须协调，树干与树枝的方向位置就不可别扭歪曲。别扭和扭曲不是一个意思。

出枝的方位讲究向背，凸处出枝势好，凹处出枝忌讳。三向出枝、四向出枝、多向交互出枝有立体感。曲干式三向出枝可以转换方向，多面观赏。

左右出枝空间通透简洁，摄影时便于透露表达，三向以上出枝摄影成像在平面上就前后的枝叶互相遮掩，不如实物有通透感，而且可能乱得一团糟。这就引申出平面盆景和立体盆景的概念和区别。两面出枝简洁清爽，利于拍摄出效果，也可称为平面盆景。

平面盆景左右出枝容易出现呆板的弊端，需在造型中注意克服。大枝错落有致，小枝要做成枝上枝增加立体感，这样的造型摄影出来就克服了没有通透效果，比前后有枝的视觉效果好。立体多向出枝技术含量高，看实物优于看图像，没有高下之分。

金弹子树桩的细节变化，向下弯曲中有向左或右的小扭摆，不是纯粹的向下向上直线运动。这个自然产生上下弯曲中就有左右的细微弯曲配合，细节更加灵动美妙

成型的树桩盆景是有生命的艺术品，它的生命性会使其连续不断的生长，冲破造型比例，导致原作构图比例失调。但它的艺术性要求它保持完善的构图形象，二者互相冲突。怎样在二者配合协调中，保持成型树桩的构图比例风格，是需日常不断进行的工作，它包含一些技术，也是常识。必须通过树形的控制，保持作品的比例平衡及疏密透视关系，有利于金弹子的生长和生存。

控型在树桩艺术处理上是通过摘心、剪枝、控水等措施进行。

树干立体弯曲的效果好于平面的弯曲

枝有多重立体的弯曲走势。多枝少叶，空灵透幽，有达摩意境

树枝造型放长有粗度，左右出枝有利观赏

树枝造型后放长不足，过渡比例不够

图片提供者　杨正华

# 金弹子造型的创新

　　艺术必须得到发展，创新就是发展，也是事物发展的规律。盆景这一古老又新兴的艺术，是在不断创新中发展到今天丰富多彩的面貌的。造型形式也不断被各种创新所完善丰富，复合式、异形式、树石式、风吹式、砚式、树山式、大树式等创新形式就是金弹子的代表，对树桩盆景的发展起了重要作用。

　　树桩盆景的两面观赏是在观赏方式上的创新，多面观赏则更是观赏方式的进步。多面观赏提高了观赏的效益，提高了桩坯的观赏价值和利用效率。

　　树桩盆景创新在于人们的思想和实践精神，只有丰富的基础知识和技能，有创新精神，敢于钻研，勤于动手。功力到位后，才能创出新来。创新与延续都由人进行，人的素质越好，越可能创新。各种艺术都有自己的创新方式，金

多面观赏的树桩盆景个案。以此为主要观赏面，随着步子的移动，姿态和景象发生变化可从下图看到有多大的程度，移步换景就不是名词，不是虚的概念，而是可以用实物证明的技术方法

这四图可以看出移步有变化，多面观赏明显有不同

实物来源　王建华

弹子盆景创新的方式应在遵循树桩盆景章法的基础上进行，符合树桩盆景艺术特性。有法以至于无法，有法是前提，无法是创新。创新形式和作品时间久后，又会变成有法。创新要有美的感觉，有新的意韵，有与别人不同的地方，同时还要有人认同，甚至有人摹仿跟随。风动式是树桩盆景中有创新的形式，它是在枝条造型方式上的一种创新。截枝蓄干、透叶观骨也是枝上造型中观赏方式的创新。极化式是在树干上的一种造型创新。材料、树种上也可出新，成景的方式上可以创新，砚式、挂壁式、树山式在成景方式上都有突破，是创新。云盆、根盆、石盆是用盆方式上的出新。根艺盆景是利用资源方式的创新。改作即是资源利用和成景取势的创新。多株并造是培育方式的创新。异形式一桩一景在取材利用和成景方式上有创新。树枝的出其不意、立体拐摆、极化造型脱离了常规形式是创新。盆景创作中立意和形式结合，技术和艺术结合，在文化上增强内涵，表现出一定的含量，可出新和出意境，实现以形化

人、以文化人的创新。

　　观赏方式上用脱衣换景或换锦，增加和增强观骨、观芽、观新叶的次数和效果，人工再现和利用其最佳观赏效果。透叶观骨、叶骨共观都是观赏方式上的创新。其他方面如陈设用根、板、石等代几，也能创新。只要多钻研，开动

透叶观骨也是枝上造型中的创新。可以透叶观骨的作品叶和骨架着生合理，以骨为主要的造型重点，树叶点缀在枝间骨端，树枝是主旋律，激荡起伏跳跃，树叶是音符婉转回旋流淌其间。由此体现枝干的力度，表达出古老大树的沧桑应有的劲节姿态，体现作者的造型思路

制作　谭守成

云盆和挂壁式是在观赏方式、陈设方式、立意构图有创新意义的方式

制作　任德华

脑子，创新还是能实现的。尤其在难度上、形式上、时间上、功力上着眼进行创新，还有路子，可谓创新之路天地宽。

《东风荡河山》着意的是作品内涵的开掘，不是在造型上追求精细，而是在快速成型的基础上贯彻思想性。多形式复合技术含量高也还要艺术内涵做灵魂。技术形式的创新和艺术内涵的充分结合也是创新的手法。

《东风荡河山》

景深的表达是树桩盆景创作的原理和技巧，在作品中加以运用可以为作品增姿添彩，成为形景意都有的好作品。景深有树的景深和树与地形、地貌、地物和摆件的关系。《东风荡河山》的景深是树与山河为主的关系，河大于山，树小于山，用远景处理，写意写实。寓意命名又统领形景

制作　曹明君

# 造型要讲究比例

造型艺术严格讲究比例，树桩盆景的比例尤为重要。比例失调给人沉重、危倾、累赘的不良感觉，不能得到美的享受。比例合理则轻松活泼、稳定庄重、均衡等各种感受都能派生出来。

金弹子树桩盆景的比例是审美的重要条件，也是树木不断生长的特性决定的，需要在枝条不断生长变野扰乱树形时，用有效的方法维持良好的生长态势和造型比例。因而树桩盆景讲究比例既是必要的又是客观的。

树桩的比例有自身的比例关系，要求枝条与主干大小适度。如枝片大、树干小，会造成枝叶重、树干轻的失衡感，观赏性降低。而树干大、枝小叶少，缺乏自然树相的美，无气势、无生机、无协调过渡。

树桩盆景中的比例关系，也体现了人们的技艺。比例在自然树上自己形成，而在盆景树上，则必须通过造型与促成培育、修剪与抑制培育，才能形成和保持。造型时要塑造良好的比例关系，枝片在整体中该长处要长度合理，该短处要短得精美。长短相宜的造型是塑造和实现良好的比例关系的基础。造势成型后的树桩仍会继续生长，破坏了造型比例。要维持良好的比例与形状，就需要通过修剪与抑制培育，才能保持枝片在景中的比例。

大枝带动小枝，立体上下弯曲，培育放长过程中要调整固定好方向与角度

# 造型后的培育

　　树木造型后不久，形象还不是很优美，也不是真正树桩盆景的枝的含义，只是作为树木经造型的枝而存在。只有苍老劲节、弯曲变化、雍容华贵、过渡自然的枝条才能与主干相辅相成，才能表达树桩盆景老大难、姿韵意的丰富内涵。树枝要达到这样的艺术境界，就必须依靠相当长时间的培育过程，以时间越久，处理方法越恰当越好，这样才能积累充足的养料，增加枝干的直径，增强苍老的形态，表达出造型理念和弯曲的效果。

　　金弹子盆景奇妙的姿态，必须依赖培育，才能实现和表达出来，树干弯曲后，不论弯曲多么极化，都须增粗后才能消除匠气，去掉人工痕迹，形成弯曲自然的美妙树姿。

　　培育在造型中的作用是显著的，金弹子盆景的造型必须与培育相结合，相辅相成，相得益彰。树桩盆景不可离开培育，有人认为三分造型、七分培育，再美的造型也须培育来体现，实践中不可忽视培育。培育为造型提供对象，还能保证造型效果，培育是基础，造型是表现，培育是皮，造型是毛，皮之不存毛之焉附。

　　成型后进入观赏期的成品树桩，也不可忽视培育的作用，使其永保繁荣昌盛，成为万古长青传世之作。

　　金弹子在盆内培育粗壮的过渡枝需依靠反复的放长回缩，第一次放长要在枝条嫩枝蟠扎后，经过3年的放长，到2厘米后再回缩，其间做小枝。后又视需要再放长回缩。金弹子萌发能力强回缩可以产生后位枝，剪到哪里芽发到哪里。

　　师法自然向大自然学习，增强视野，心中有树盆里才有经典的树形。大自然造化万物、造化树木无奇不有，这些形式老大难、姿韵意变化万千，是盆景创作的不竭源泉。

# 用中国文化提升造型技艺的方法

中国文化是一个伟大的宝库，向国画理论学习，向诗词文章学习，向其他文化艺术学习，对树桩盆景和金弹子造型创作有积极的指导作用。

师法自然脱尘境而与天游，搜尽奇树打其稿，所运在心，心随树运，信手拈来自有神。写心写意写形写树，造化入微，知道白而守黑，意而不尽，恣意纵横，酣畅淋漓，塑枝而色具。树随心动，脱尽匠气，无法不备一法不立。天技之技，无技之技，自然天成。形技于一，天地混融一体，神形混融，天道绝俗。通灵无墨不染，无枝不然，世上奇桩尽入目。意足不求形，意至而气发，隐形立意有笔无墨，与神为师，近神远形，隐迹立神，有树无形，忘形得神树。格致横生，技到意到，树里有神。一画开今，一念不设。大乘气象，得妙道于神会，得心应手，大巧若愚，潜移默化，格高思逸，功夫到境界。树无常法画无常工，做意不做形，浑厚华滋，素净无形，气势雄远，气厚神和，气韵醇和。景深运用平原高远，对比出远。树势内部经营，树贵在极，功夫到境，度物象取其真，夺造化之真，神会心领，人巧夺天工，功夫既在盆内也在盆外。

向规律类学习造型技术，注重功力，注重形和势，养护到境界。

虚心向同行学习，向实物作品学习，有比例、讲形式、多变化、重技艺、个性强，加强学习才有自身素质的提高，出作品就是紧随其后有基础技术的保证了。

注重创作原理的应用，既要师法自然向大自然学习，得到创作的源泉，以小见大移山缩树，因形赋意，因意赋形，以形载神传情，反应典型，写意写实，和谐结构，完善景象，扬长避短，取势夸张，个性张扬，主从对比，弯曲横直，抑扬顿挫，疏密有致，动静运用，节奏强烈，透视景深，比例协调，创作原理的利用化为自我素质的提升后，就是作品高下的程度。

# 枝条蟠扎

　　嫩枝蟠扎要尽早进行，硬枝蟠扎，二三级枝蟠后放长到位，及至多次放长到位。嫩枝造型时金弹子的枝条较好造型，好做枝干造型方式的选择，在金弹子枝条稍木质化达到10～20厘米后，就马上蟠扎，做枝条的初步造型，确定今后枝条的形式和方位。随着枝条的延伸还可继续蟠扎到需要的长度。嫩枝造型可以弯曲到立体极化，蟠扎后定型快，少变形，有生长做支撑，效果好，能出扭曲挤压的形态，做得出小弯子。

　　讲比例、重样式、贵方位、有节奏、出树相、添韵味是树枝造型的目的。

枝条蟠扎要多级枝组合理布局

《洒向人间都是爱》

制作　胡开强

# 主枝和过渡枝培养

金弹子主枝枝条的制作是把适宜的稀疏的几个枝组成型，即大枝为纲，小枝做目，大枝带小枝。大枝按章法做出飘枝、跌枝、平枝、龙蛇起伏枝、极化弯曲枝、个性强烈枝。大枝以立体的弯曲较适合观赏，也就是上下弯曲间或结合左右的弯曲。弯曲中间必须掌握细节的配合，就是上下的弯曲方向有细微的左右变化贯穿在里面，其耐看性强、观赏价值高。

二级小枝着生在大枝的弯曲外侧，力求增强技术含量。大枝弯曲度大于小枝，再着生多级分枝，成鸡爪、鹿角形状。二级枝常也要扎。三级枝空间大的可以再扎，增加技术难度。空间小的可以用缩剪逼出鸡爪枝。

一级枝管走势方位，二级以后的枝形成枝组，形成生动的气势、姿势。更上一层楼的就可达到透叶观骨、叶骨共观。

金弹子小苗育桩有它的独特性，造型难度大，脆而硬，难于做极化弯曲，必须分次蟠扎达到立体极化，做小型的极化更难有角度。

我有一小批金弹子野生苗，栽种时把基隆部位弯曲在泥土里面，形成了地下部分的形态。地面以上的造型就可简化。但培育是更加有难度和特点，基隆的弯曲处不断地生长徒长枝，严重抑制了造型枝的生长，必须调度养分的输送方向，让造型枝占据养分输送的主导方向，用树梢助长。小苗的前期每年轮换助长枝，助长枝的生长方位要上天盖地，往没有造型枝的方向走，树叶不要掩盖造型枝，越过造型枝后才留枝叶。上天就是利用树梢的强大助长效果，越往高处生长下部对应的树干、树根就会长粗。而助长枝只能帮助其以下的部位长粗，这是助长枝的助长效果特点，是树木生长的向性决定的，不可逆转，只可利用。树梢的助长能力是树枝的多倍。盖地就是把助长枝布置在造型枝的下方，过了造型枝后可以最大限度地延长枝条的长度和留下树叶，以较大的枝叶比助长树干的生长。

树枝的助长更多地依赖本枝枝叶比例的积累数量，历次的助长枝叶的面积的总和就是助长的造型枝增粗的效果，也就是得到的造型枝粗度。历次修剪掉的枝叶所起的助长作用是累加给造型枝的，可以忽视助长枝，它修剪掉了没有实物存在，但它的作用是奉献给其增粗的。

要做好形式，需要在造型后3个月到2年内，多次调整形状姿态，经过强化变形，固定好姿态，初次的造型效果会加强到立体极化、扭曲拐摆的姿态。调整的时候不好操作就剪除助长枝，调整就会轻松容易并且效果好。

金弹子盆内培育粗壮的过渡枝依靠枝梢放长，只有放长到需要的过渡枝条达到80%后，才可回缩。

《层层叠翠》

树种　金弹子
制作　杨勇

# 金弹子盆景的
# 发展方向

# 中小型树桩是一个发展方向

　　金弹子树桩盆景受到全国广大爱好者的喜爱，数量却很少，甚至难于见到，尤其好的树桩更少。中国是个大市场，有广大的衷心喜欢树桩盆景的爱好者，需要更好的树桩质量和更多的数量，才能满足这个大市场的各类需求者。

　　小苗育桩诞生好作品，产生大数量，在中小型上可以生产出受人喜爱的作品和商品。深层次的制作后，极化造型，典型性更强的金弹子树桩盆景会越来越多和越来越好，精品的中小型树桩会多起来。

《清风傲骨》

制作　左世新

人工小苗培育的金弹子其优势在
于蟠扎弯曲和姿态的塑造

# 组合丛林式

　　组合丛林式的发展有前景。因为金弹子的素材资源有限，需要还较大，要满足爱好者的需求有较大的缺口，用较易得到的小型材料做成组合丛林作品或商品，可以大量的生产出来，以更好的形象与形式满足市场的需求。

《岁华未落芳意成》

组合丛林式对材料要求不高，可以利用大量的小坯子做成作品或商品，观赏价值不低，尤其适合业余的树桩盆景爱好者制作的实践活动

制作　马根华
树种　金弹子

# 小叶树种被看好

　　小叶树种就更为一致的被盆景人看好。尤其在中小型的金弹子上，在丛林式上，在树形的优化上，小叶树种将具有极大实物优势。

　　抑制树叶用抑制药剂对金弹子以及其它树种效果都比较好，可以产生时间长久的小叶化，第二年可以保持小叶效果。摘叶只有一个季节的效果，而且秋季才有最佳的缩叶效果，金弹子春季有强大的长势，春季摘叶对金弹子的效果不如罗汉松好。实践中看到较高浓度的除草剂可以对长势很好的金弹子刺激，产生极小的树叶，对长势弱的个体就可能会致死。

《金果三百压枝垂》

制作　田丽

# 树石水结合

　　树石水结合摆件构图成景是树桩盆景发展的一个方向。金弹子由于它的耐湿性和耐旱性强，可以长期水培的优点，适宜做水旱式，适宜做少见泥土多见石头的树石结合的形式，构图取景与水石摆件强烈结合可以产生异样的地貌变化的景观效果，有时空出比例，诗情画意浓烈，景象自然真实，中国特色强烈，回归自然效果和效益好。近年金弹子盆景的山石、江岸、亭台、楼阁、人物结合的趋势强大，作品增多，是值得发展的方向，也是树桩盆景风格之一。

　　养护可以水湿和水淹，简化养护的方式和降低养护的难度。我一直以来均有采用水盆栽植金弹子的习惯，夏季浇水简便。熟桩树根体系已养成的，可以栽于无孔的器具，减少浇水的频率。

　　用水盆栽植的金弹子作品，生长季节正好适应它的需要，尤其是夏季，冬季没有连阴雨就没问题。遇到极端的连阴雨可用布条虹吸排水，就安全了。

《蜀江秋色》

树桩与地貌摆件结合
丰富景的内容

制作　周树成

《呼归》

旱景处理和水旱盆景的处理方法不同而效果迥异

《不屈的少女》

制作　曹明君

# 优化观果类盆景

　　优化观果的品种和效果，发展优良的观果品种，对新发现的好品种要大力采用推广。盆景人士对金弹子美的追求是它的动力，市场也是重要的促进力量。

　　金弹子的果形变化大。扁圆而大的果子有人认为像是中国的大红灯笼，有喜气洋洋的寓意。异形的果子比如梨形果、冬瓜果、葫芦果、茄果、血红果、紫色果更是受人追捧。果的大小众人各有偏爱。采用嫁接的方式，可以得到较大量好的品种和好形象。注重果形品种的嫁接推广流传，是金弹子长期发展的必然要求。从事树桩盆景艺术活动的人们越来越多地把各品种应用到盆景制作中。成都是收集金弹子品种和嫁接好的地区，重庆也广泛开始嫁接，各类型果多起来。其他地区的金弹子嫁接也在充分进行，出现的多类果几率较大。

金弹子果形变化的几个实例，一定还有没被发现的果形存在

图片来自　成都金科花市

# 异形多变的高难度造型

利用金弹子强大的生命力和顽强的适应性多做好的形式，好的造型效果。异形经典多变的高难度造型是金弹子的发展方向。大量的普通树桩就必须采用好的造型方式进行制作，增强观赏效果，提升树格。

边养边赏做出难度大、技术含量高、观赏价值高的金弹子好作品，技术上要解决突破快速成型的方法，施肥用日本固体肥随水进行。夏季施行滴灌喷灌，冬季保温，放长助长要到位，促进金弹子造型效果的实现。

异形式是金弹子桩坯材料来源的优势，要利用好资源的价值，发挥出金弹子的潜力和潜质。

下垂枝的制作改变了作品的形象。用树的成长磨练出我们的精神。个性的突出，制作的成熟，吸引了大量的眼球，求购者多年不断对它有追踪寻价

制作　熊长风

《游离云山间》

山形屹然飘渺，树形几度曲折起伏，云山雾海，仙山琼境，神树临渊，境界高远，挂壁式树石结合景韵突出，诗情画意诱人

制作　高云
树种　金弹子
形式　壁挂式
规格　长80厘米

# 微型市场大

　　金弹子多小微型的优良根干，做小型和微盆比较容易找到坯子，微型组合成架，用来布置室内效果好品位高，市场大。

　　金弹子多小微根干，做小型和微盆比较容易，微型组合成架布置室内极好。
　　本作品直曲斜卧，临水飞悬，附石水旱，琳琅多变，树形变异，小中见大，有内容的蕴含，组合展示，效果集中，更能突出金弹子的盆景学特性。金弹子多小微根干，做小型和微盆比较容易找到素材资源。微型组合成架布置能集中观赏，体现树桩盆景的各种形式上的变化，体现金弹子树姿树形个性特征的变化，体现制作者意趣的指向。室内布置提升环境，增加品位，体现家庭文明极好。陈设和养护分开，浸水浇灌，然后上架观赏。养护不难，过程也是生活的乐趣、玩盆景的乐趣之一，更能培养与人的感情，让人喜爱它。

制作　赵书明

# 赏根式的发展

　　盆景树桩的结构由根、干、枝、叶组成，根放在第一位，"盆树无根如插木"，观赏根决定作品的档次。无根之桩尤如人之缺腿。金弹子作品应加强观赏根的培育出露，构建观赏结构，提升树格，赋予耐看性。

《轻歌宴舞》

制作　读树楼

观赏根丰富树桩的结构，提高作品的树相等级

制作　高云

# 提升意境增强文化内涵

　　多发掘树桩盆景的丰富文化内涵，反映大众生活的、文化的、社会的、政治的、精神的多种意识层面。不可单纯当作树的工艺摆设，降低它的文化品位。这是树桩盆景发展的短板，更是方向。许多盆景人忽视这个功能，方向性的迷失还需更长的时间达到文化的高度。

《一身正气》

此作品传递的正能量给人精神上的鼓舞

制作　左宏发

《曲与直》

此作品包含的是哲理，以树育人

制作　高云

# 室内和家庭盆景是重要的应用方向

　　树桩盆景要应用，家庭盆景是应用发展的重要方向。金弹子可以适应室内2～3个月的长期摆放，与阳台轮换可以做到家庭的周年陈设应用，厅堂的长期应用也是可以做到的。

　　中小型盆景可以出房入室，在较小的几架桌柜上就可陈设。节假日、来人来客、定期互换、保养整理等工作，妇女老人自己就可以进行。

　　家庭盆景的概念是我在网上提出来的，顾名思义就是适合家庭应用，提升家庭环境和文化氛围的盆景。家庭盆景的内容以摆放环境分，一是桌案器物摆放，二是地面摆放。地面摆放高大观叶植物的处所都可用来陈设瘦高的盆景作品。它的高度需要1.2米以上。高曲干就是一个方向，往家庭地面盆景方向发展，这是需要培养市场的一个长期项目。也是需要生产的一个项目。墙的夹角处用三角形盆，陈设悬崖和斜干类型，是个方式。高挑的细瘦树摆放在电视柜下、沙发边、墙角、字画、门旁边，可以升级观叶植物摆放的位置，更有价值和品位。

　　家庭盆景和阳台结合，室内欣赏、阳台养护，轮换陈设有利养护，2月轮换一次，那就可以普及成为家庭盆景的欣赏养护模式。没有阳台的房间想要在室内欣赏陈设可以放在靠窗位置。更好的是室内租摆，2个月轮换，由专业的盆景公司经营。

　　家庭盆景的形式以直干式、曲干式，直立挺拔向上为主，斜干式、悬崖式、丛林式树体在盆内，树枝出盆不太多为好。临水式、长飘枝不宜室内空间距离小的场合，适宜较大的厅堂应用。家庭盆景的树枝不需长、树叶不需多，透射光线到内膛为好。树种最好的选择就是耐阴的金弹子、罗汉松等树种，可适应室内2个月以上时间的陈设应用。

　　制作家庭盆景树枝的方式要枝叶通透，稀叶密枝，受光的效果更好，观赏效果也更好。

　　树桩盆景的属性要求更多的应用，它是自然物与心境的融合，清净无杂染，素净澄明，有利修身养性、延年益寿。朝起可赏名山大川，晚归可品树桩风韵，陶情怡心，烦躁世俗皆弃一旁，加强应用何乐而不为。

**《同心永伴》**

此作品在卧室内应用更有亲和力，带给人的是家庭文明，使得家庭更有凝聚力

制作　曹明君

室内与室外金弹子盆景的应用，定期互换可以防止生长不良

图片来自　曹明君

# 金弹子盆景的技术发展方向

　　金弹子盆景的造型要多样化，形式要优越化，技术要精细化，方式要个性化，结构要完善化，制作要群众化，景的表现要多元化，取势要现代化，实现发展的路子要容易化。

　　藏龙卧虎的个人盆景是树桩盆景的发展方式，以民间个人盆景的方式为主渠道发展，以经济实力为基础，购买好的作品或购买好的材料，建立盆景园子，其中不乏著名的、有影响的、精品众多的盆景园子；有的靠资源，依赖大自然的赋予；有的依靠技术，慧眼识别，发掘材料的潜在价值；有的靠人的长期制作，用小苗育桩极化造型；有的靠淘宝式发现，收集积累。这些都是执着长期地进行树桩盆景活动，坚持不懈得到发展的。有的是学者型，有的是制作型，有的是收藏型，有的是商业型。个人盆景园子更是集中收藏盆景的地方，保藏有较多的精品。树桩盆景的源动力多样，客观的都促进了它的发展，以致达到了树桩盆景历史发展的黄金时期。金弹子是值得玩赏和收藏的，它的精品观赏价值极高，制作难度极大，存世稀少，姿态奇美，无法复制，文化意蕴发掘强，有益身心健康，升值空间大，具有独一性、四维性、变化性、不可仿制性、真实性、直观性、参与性、功能应用性，有其他艺术品不具备的多样化特性，且还处于不为多数人发现利用阶段。是高端的收藏品和礼品。

　　金弹子盆景要交流，怎样理解作品的流通买卖，历史上画家的画多数都是可以买卖的，艺术品可以用钱来衡量它包含的艺术价值，名家力作观赏价值高、文化含量多、耐看性强，理应决定有更高的经济价值。树桩盆景也是在大量的交流和交易中得到推动和发展的。市场是推手，促进了金弹子盆景的进步和发展。可以说没有市场的发育成熟，也不会有金弹子盆景今天的欣欣向荣、蓬勃兴旺的局面。

　　交流中金弹子盆景的观赏价值决定它的经济价值。观赏价值＋市场因素，可以决定金弹子盆景的价格。

挤压扭曲变化，难度极大，形态异常的收藏级金弹子悬崖式树桩

# 金弹子作品
# 赏析

《文人之风》

　　此作品清瘦孤高，根基稳定，树干向上曲中有直，树枝下垂，树梢高昂，造型简洁细致，属于文人树造型风格。用较长的跌枝塑造，养分输送反向，成型需要更长时间，充分体现作者技艺，观赏既有形式又有内涵。

制作　谭守成
树种　金弹子
形式　文人树
规格　高80厘米

《雄踞》

　　此作品树桩苍劲，显出时间性。树桩的主要作者是时间、是生命、是大自然。它的制作是长时间劳动、年复一年积累的结晶，尽管它的形式由人赋予，但还要由四维时间起作用。没有多年的时间便没有盆景艺术及作品。观后人的感受既在盆内又在盆外，是人树结合，对生命时间积累的感叹。

制作　谭守成
型式　临水式
材料　金弹子
规格　长85厘米

《同根连理》

此作品一本双干，根基紧密相连。基隆在前的树干扭转向后，基隆在后的树干扭转向前，互相依偎，树梢走向同倾侧趋，各自独立出枝即统一又独立。交叉配合中溢出情意相连的寓意，同根连理夫妻恩爱在形式上表达得准确明白和情意缠绵。

制作上，一本双干，主高客矮，主大客小，主从对比关系明显，一望可知相互关系的权重。作品充分应用了因形赋意、主从对比、藏露结合的创作原理，造型讲究比例与配合，枝干的呼应中透出比例在其中的和谐匀称。使作品有自然气息和连理树的文化韵味，既便于理解也无需说道。

制作　谭守成
树种　金弹子
形式　一本双干式
规格　高60厘米

《旋转飘逸》

此作品是异形悬崖式。基隆膨大，树干细瘦，下垂后再度变形膨大，树梢横斜下探。用异材取悬崖侧走之式，不落俗套的破格选桩，既开树桩之源，又增强了作品的形韵和感染力。

制作　谭守成
树种　金弹子
型式　悬崖式
规格　飘长88厘米

谭守成　重庆空压机器厂职工，树桩盆景艺术家，其技术特点是造型精细准确，作品技术含量高，他的异形金弹子盆景思路和造型技艺在重庆业内影响了一批爱好者。享有名气赞誉。代表作有《文人之风》《同根连理》《扭悬山岭间》《挺生》《横生枝节》《旋转飘逸》《同舟共济》等。

《一身正气》

此作品干直粗壮有变化，不落僵直窠臼，取势稳重端庄，注重造型功力，有直干大树的神韵。用树的外形命名挖掘出正直坦荡的蕴涵，意在树外。移情于树，寄情于景，技艺处理不离于形又不止于形，艺术统帅技术，艺用树木一目了然。

制作　陈国君
树种　金弹子
形式　直干式
规格　高85厘米

**陈国君**　树桩盆景制作者，资历深，出道早，为重庆市业余盆景的早期爱好者。

《太极之光》

此作品造型注重结构的完善，根干枝叶基隆，结合沧桑老态。造型主枝用扎，小枝用修剪，师法自然和人工技术融合，养护到位。

制作　钟光同
树种　金弹子
形式　直干大树式
规格　高80厘米

**钟光同**　教育部门职工，改革开放初期资深树桩盆景爱好者。讲究修剪成型，过渡配合，结构完善。

《运动的舞者》

此作品古树劲节，历经沧桑，以小见大，人工施加老妇梳妆技法，得其大树雄姿。干与枝外形似人体全身剧烈运动的姿态，既抽象也具象，越看越像，故以其名立意。阳台生桩养成，自己制作，自己欣赏，修心养性，得以延年益寿，乐于其中。

制作　黄新武
树种　金弹子
形式　象形式
规格　高38厘米

《雀登高枝》

此作品选材为象形，投林小鸟，劲健体雄，居于高枝等待着机会或妻子的到来。金弹子桩材的变化莫测，无奇不有，只需作者去收集制作，有发现的眼光，制作有耐心，就能有所得。

制作　黄新武
树种　金弹子
形式　象形式
规格　高38厘米

**黄新武**　北方工业公司重庆空压机器厂职工，改革开放早期步入盆景行列，阳台制作小型金弹子盆景，修心养性乐于其中，热心于金弹子树桩盆景的传播交流。

江波　成都杜甫草堂盆景专业工作者，作品成熟，继承发扬了川派盆景传统技艺，现在逐渐崭露头角。

　　该作品的枝片造型有川派平枝平盘的传统特点，出枝位置低，每片枝叶密集成型。但又打破了川派的对称固定格式，左右不守均衡，左面重右面轻，左实右虚，密不透风又疏可走马。主枝养护已经有了过渡直径，可以疏剪二级小枝若干，以骨为主体结构，形成几组小枝成型的方式，稀疏硬朗，叶骨共观，透叶观骨，枝、叶、果配合和谐，具有较高的技术含量。

制作　江波
树种　金弹子
形式　斜干式
规格　高118厘米

**任家明** 树桩盆景发烧友，资深爱好者。热衷于收集、培养有难度金弹子的老桩。

《上下随缘》

　　此作品选桩不拘一格，临水下悬，树梢向上，树桩的异质产生明显的个性。

制作　任加明
树种　金弹子
形式　悬崖式
规格　宽68厘米

《亭亭玉立》

　　此作品树根密集挺立，树干天生为疙瘩高悬云端，即云头雨脚。制作顺势而为在云端头上布局三棵直立和飘斜的远树，以树与根高挺的姿态命名，突出势态与景象，作品地形韵意就有力地结合在一起。

制作　甘伟
树种　金弹子
形式　异形式
规格　高72厘米

**甘伟** 专业盆景技工，多年从事盆景工作，构图成景技法强。金弹子代表作有《亭亭玉立》等。

六　金弹子作品赏析

《苍古奇趣》

　　此作品桩形苍古，形成难，取材也极难，造型垂头飘悬，有匠心独运、天人合一之感。树干上的三个飞枝也是独具匠心，看似多余实际为奇古老桩增加生气，保持生机。若无飞枝，光秃苍劲的树干得不到树叶的滋润养育，就不易保持树液的上下贯通，生机活力就不会强盛，流传就难。

　　树木适者生存，它的天性就是要发展，在恶劣的环境下就形成了这个与多数树木不相同的形态，独特苍劲、垂头张狂，优雅地抗争着。在一侧垂头布局树枝体现的就是树木的抗争精神，但这只是一面。另一面树干自身也凹凸变化，加强了生命的多方面表达能力。个性和耐看性结合在一起，作品就必然有了生命和技艺的感染力。

制作　罗世泉
树种　金弹子
形式　垂头式
规格　高70厘米

《不拘一格》

此作品是天生之金弹子奇形怪状，不守常规，跌宕起伏，形态出人意料。你要有胆识和眼光去把玩它，获取山野精灵的最典型姿态，此作在取势、取材、造型破格上就表现了金弹子的典型和作者眼光之独到。

独特吸引人眼球，引起注意和评论。可能你很喜欢推崇它，可能你不认同它，破格就会有这样的争议，只能仁者见仁智者见智。

制作　罗世泉
树种　金弹子
形式　异形式
规格　高77厘米

**罗世泉**　树桩盆景活动家，低调玩树桩提高自身修养，注重收集金弹子好桩好坯，桩坯景结合，云盆技术突出，地貌和造型结合，玩味又玩桩，各种形式全面，大中小齐备。自己制作自己玩赏，以盆景丰富生活、增添乐趣，支持和参与各种活动，代表作有《苍古奇趣》《不拘一格》《古木幽林》《苍龙探海》等。

《曲尽其妙》

此作品以曲彰显树的特色，垂头突出个性风格，增加树韵和难度。下垂枝的养分输送反向，培育形成难度大，时间长。此作在盆内阳台栽种制作，可知呕尽作者心血。

制作　熊长风
树种　金弹子
形式　垂头式
规格　高78厘米

**熊长风**　建设机器厂职工，树桩盆景资深爱好者，追求造型技术，长期坚持阳台养桩，作品在网上受到喜爱。代表作有《曲尽其妙》《长风万里》《巴山横曲》等。

《一树浓荫》

此作品础大树雄、端庄稳重、枝叶婆娑，有大树形态的风姿。大树式体现古树雄壮、伟岸、苍劲，大树式的特点由此作品可见一斑。

制作　吴清昭
树种　金弹子
形式　大树式
规格　树高150厘米

《热带丛林》

此作品树桩横卧，高悬岭间，布局新奇，原始自然。丛林屹立天际，高耸入云。远景描画，野趣盎然。作品取势布局抓住素材的特点，树形自然修剪成型，无人工痕迹，手法有独特的个性。用泥土做江岸的坡脚，技术上少为采用，青苔写意为绿野苍原，荒石为山盆底为水，景物丰富，景象自然。景的处理作为看点，自然清新，身居其间的回归感浓烈。

制作　吴清昭
树种　金弹子
形式　过桥丛林式
规格　长120厘米

《郁郁葱葱》

此作品古树浓荫，树干苍劲挺立，树根雄奇横卧，变化入微。苍古年暮，郁郁葱葱。

制作　吴清昭
树种　金弹子
形式　卧根式
规格　高100厘米

**吴清昭**　企业家、盆景艺术家、收藏家、活动家。中国盆景艺术家协会副会长，巴渝盆景博览园园主，从艺收集素材早，来源广泛，专注精品和异形桩、大型桩，拥有金弹子苍古树桩之最，深识桩材资源难得，广开桩源，实力雄厚。制作注重培育根系和过渡枝嫁接，推动了金弹子盆景的全国传播交流。

《硕果累累》

此作品树曲势直，曲直结合，变化于形内，是曲干式呈现竖直状态的树形。苍老的树干为其增添古奇，提升了树格和观赏价值。更得枝繁叶茂果硕形丰，喜气洋洋，有丰收的美好感觉。

制作　吴清昭
树种　金弹子
形式　曲干式
规格　高95厘米

## 《繁果》

此作品桩小姿态难而精巧，个性突出，结构完整，根、干、枝、叶、果无不具有独自的特色。基隆的转圆可看出人工制作的痕迹，树干的急速三弯角度虽人为，在生长的膨大、挤压扭曲中回返自然。树枝自然状态，枝组需要培养，修剪出鹿角、鸡爪状态就更加完美。

制作　徐琳
树种　金弹子
形式　曲干式
规格　30厘米

**徐琳**　温江盆景人，尽心制作金弹子盆景，作品脱俗，注重姿态变化和神韵的把握。

## 《游云》

此作品飘逸的双干弯曲悠长，变化穿插，翩翩配合，逸然地游走空际，潇洒地留下自己的倩影。

制作　徐琳
树种　金弹子
形式　斜干式
规格　58厘米

此作品五树并立同根连理，犹如家庭的五代同堂。图片受二维空间的限制，角度太正，前后重叠，看不到五干的具体形状，难于判读。这就需要在制作实践中做好构图的角度展示，配盆用圆形盆，造型稀枝少叶，就可以旋转观看。

制作　谭代福
树种　金弹子
形式　一本多干式
规格　高88厘米

谭代福　医务工作者，树桩盆景资深爱好者，专致金弹子盆景制作。

《舒广袖》

在高位生长出来的树根，术语中被称作云根。云根上发芽长枝，只有金弹子多见。

此作品树根代替树干，原生树干被樵砍仅仅只有树头部的膨大部分。此作品很好地利用了根部形成树干制作出作品。树根悬曲丰富，含有根基牢固的内涵。树干曲中有直，寓意正直前进曲折向上。树干孤瘦高挺，含高风亮节的气韵，有不为三斗米折腰的精神。树枝下垂，高位出枝不离地气，饱含文人的浪漫和内涵。取势造型注重表现文人树的风格，而非只是外形的塑造。

制作　高云
树种　金弹子
形式　文人树
规格　高80厘米

树桩高挂飞出，给作品带来更多视觉效果的冲击。顶部膨大树干细瘦，有危倾的动势。

选桩取象形的飞天起舞之式，是为天成之造化，人工制作强化肢体的动感，天公人工合作互展所长，就有了神女翩翩起舞的飞扬势态。

能从作品姿态里面见出形韵就是艺术的升华，优秀的盆景制作者对姿形意的提炼，总是能够传导出韵涵。命名则画龙点睛，起到一定的传递作用。起舞飞天的浪漫蕴含在二者的结合中更加准确明白起来。

制作　高云
树种　金弹子
形式　悬崖式
规格　高75厘米

《流影》

树姿弯曲，脉象优雅流畅，节奏生动，收头有节，树干合理入微。苍劲的基隆，抬头的树梢，勃发的生机，给人自然美感和享受。树桩的生成因需而就，懂得人的需求。

悬崖式树础基隆和树干后部不要出枝，是它天生于石壁崖畔的环境条件决定的，石壁阻挡了大量的光线，树梢在发育的过程中要向性生长，伸向光线多的外侧空间，只留基隆和下部树干在靠近崖壁的地方占据空间，形成根挂石壁梢倾崖外形象。试想基隆处生于石壁中有空间长出大量的树枝吗？只有生于悬崖顶上的才可以有空间出枝。

制作　高云
树种　金弹子
形式　悬崖式
规格　横长85厘米

《无限风光在险峰》

　　该作取材有慧眼，改作有经验，只是取势构图，改换盆钵而已。成型是时间的修炼，再经几年的放长、修剪、回缩就更有看头。

　　慧眼识桩的功力养成难，大刀阔斧的制作不难，盆的坡状人为加工，险峰由此表现出地形地貌与树丛的关系。

制作　高云
树种　金弹子
形式　一本多干
规格　高80厘米

《山岭精灵》

　　异形难为常规形式所容许，网友不待见悬挂的大疙瘩，因为树干就阻滞不流畅，不可思议。还有人建议去掉。异形在难，不可形成而形成了，尤有亮点，甚至是出神入化。去掉大疙瘩没有亮点，就成为常见的普通悬崖式，观赏价值损失大矣。

制作　高云
树种　金弹子
形式　悬崖式
规格　高75厘米

## 《腾龙欲飞》

　　此作品象形之龙动感强烈，扭动的身躯，蟠曲的四肢，摆动的尾巴，抬起的颈项，远望的龙头，如盛世之龙腾飞舞的灵动景象。造型服从象形的需要，结构完整，具象至极。

制作　高云
树种　金弹子
形式　象形式
规格　高88厘米

## 《天成》

　　此作品自然生成，石缝铸就，金弹子树根随石缝生长，树根填充了石缝，形成怪异形状。树的桩形扁宽，基隆和树梢有转折弯曲，全部以根代干。只有树梢是地上部分。异质异形是其看点。取材难，形成难，不可复制，具有独一性。

　　制作突出看桩，造型突出个性将枝叶放在一侧，主体的桩客体的枝叶结合得有很强的看头。枝条还弱，但有了桩还愁今后不成熟么？

制作　高云
树种　金弹子
形式　异形式
规格　高65厘米

**《荒原莽林》**

　　此作品多干错落生于同根之上，根连之处苍古雄奇，林中之树前后有纵深高低、有错落，不是平面分布。林中各树姿态有直曲斜卧的变化，分布合理，苍劲生幽。

　　以一本成桩而成其难度，以变化而成可贵，以其紧凑而成密林，以集成的美感知它的自然，天公造化出来，是树桩盆景天生丛林不可多见的好东西，可遇而不可求。人工制作在于表现出古林的协调与配合，诞生出天然林相之美。树桩原为雄性，作者采用靠接局部枝条的方式，使其分散挂果在各个部位上，满足观果的心理需求。

制作　　高云
树种　　金弹子
形式　　根连丛林式
规格　　盆长120厘米

**《狂放》**

　　此作品基部翻卷转折，运笔在狭窄的空间收敛紧缩。曲尽则一泻千里放笔纵横，狂放与收缩集于一身，节奏变化大，飘悬险峻与曲折流畅结合到奇妙的境地。

　　浅盆的应用使树姿更飘逸，体现出构图的精细。用盆的变化使树的悬崖姿态和韵味得以大的改善，彰显了用盆的技术作用和艺术的表现力。

制作　　高云
树种　　金弹子
形式　　悬崖式
规格　　长120厘米

六　金弹子作品赏析

157

《思想者》

此作品不以枝条的造型作为主导方式，而以表达桩形奇姿异态、变化多端、形体万千的自然造化为基础主导，在文化方面发掘，内涵丰满而非枝条丰满为主导。写意盆景可将树桩盆景的姿形韵意表达到极致。以桩体为主，枝叶为辅，看点以桩为重，桩奇枝叶疏，看桩体胜于看枝叶，不是枝叶不关情，桩体之情大于枝叶，枝叶就不能喧宾夺主。在制作收藏欣赏流传的过程中可以达到更加成熟经典。

制作　高云
树种　金弹子
形式　异形式
规格　高50

《望天崖》

不忘曾穿行在山间岩岭水畔，抬头望见的是一些自然映像，巉岩下、峦嶂里、险峰上都有生命在其间顽强生长，其中不乏这些丛山峻岭的精灵，仁者乐山，智者乐水，颖者爱树。山野的天然景象让人产生树木植物生命顽强的联想和敬意。聪颖者总要把它带回家，让它陪伴到永远。树桩盆景就是这样的媒介物，移山缩树引水，大自然的景象就带回了身边，回归自然就伴随在生活中了。

观此作品，悬崖飞石天纵自然，仍有生命去征服驾

驭它。悬挂之树绝似山野景象留在头脑的典型印迹。这是此作成功的关键，让景象的山石树木最大限度地结合在一起，表现出险峻峰岩悬崖之树的典型特征，悬的姿态到了绝妙的技艺境地。

无主根无悬根用自育细小树根悬挂在石头之下伸出为大悬崖，制作用远景处理手法，石意欲为山岩，与悬挂之树表现树摇绝壁的特征。石的外形是山，内在是景，树的外形是悬崖的形式，内涵是生命的顽强力量带出的意境。表形和写意结合，不停留在外形的观赏，重点在包容的生命哲理。其中的形韵意结合是树桩盆景作品应有的高度。

制作　高云
树种　金弹子
形式　悬崖式
规格　高50厘米

《崖畔精灵》

此作品虬曲的自然姿态，膨大的树身，极度弯曲挤压，历尽曲折，历经沧桑，在特殊的环境下经过压制又受到反复的樵砍，树态紧凑收敛，小中见大，古老变化有百看不厌的韵味。

制作　高云
树种　金弹子
形式　悬崖式
规格　横长58厘米

《悬崖野林临空起》

此作品桩形怪异，生长复杂，紧凑密集，错落有致。作者取势定形为悬崖丛林，在树桩盆景的分类形式里极为少见，创新的意义较为明显，善于选桩大胆制作，可以诞生新形式和好作品。林相体量不大，也符合树桩盆景以小见大的原理，这样更方便移动、陈设，利于欣赏，有应用强的特点。

制作　高云
树种　金弹子
形式　丛林式
规格　高56厘米

**高云**　树桩盆景艺术家活动家，专致于金弹子盆景制作，以桩取胜，异形式享誉和领先国内业界，作品繁多形式丰富，全部自己制作，思奇追异既是网名也是玩桩的一贯风格，推动盆景交流，作品得到广大观赏者热爱，是真正的大家，不是大师胜似大师。代表作品有《狂草》《曲与直》《无限风光在险峰》《思想者》《望天涯》《舒广袖》《历尽曲折》《飞天起舞》《孑然挺立》《野韵》《飘逸跌宕》《荒原林野》《待春》《林间藏幽》《苍岩》《月是故乡明》《流影》等。作品以构图取胜，重桩重景重形式，以枝代根，树桩改作创造来源，以作品取胜，作品收藏价值高。

《峡江栈道》

　　此作品表现出原生的地貌，古老的峡江栈道，自然的江岸，雄奇连绵。天际线上的树林，家乡之川江雄壮伟岸的原始景色融进画面，让人留恋。

　　树山式丛林化形为景，树和桩就是景，树景结合，自身形式就是景。树人结合，树的形式和人的作用高度展示在桩上景里，画意感强，诗情突出还有韵律，达到作品的艺术表现力，作品成型难度极大、时间漫长。再栽以天然的云盆地貌更加形象，丛山峻岭的峡江栈道景象就更深远宏伟。回归自然，身在画中，人在景里，过目不忘，观赏作品胜于旅游，是把自然带回了家。

　　树桩的形成必是千年之物，原生长在险恶的崖岭石缝，不断的被樵砍又不断的循环生长，樵夫不巧踏下的石块滚落在树体间，被树干抱住融合进去。历尽风霜雨雪，无尽的寒来暑往，顽强的自我集聚能量，才能修炼出此难度，它的收藏价值就高端了，超然于很多其它收藏品的难度。

收藏　王其富
树种　金弹子
形式　树山式
规格　全长120厘米

## 《狂草》

此作品是用过桥丛林式改作的悬崖式，脉络线条走势翻卷狂泻，往复曲折，大气奔放，犹如狂草之运笔翻飞，不拘形式。游目骋怀，老笔纵横。势态狂野曲折飞舞，犹如草书的笔走龙蛇，狂荡不羁。用点画与横竖撇捺描形抒意，豪放之情尽由笔出。达到了笔力强劲墨饱意足之境地，让人感怀作者的心意与技力结合在一起的能量释放的剧烈程度。深识者可既见外形姿态又见气势神彩。

原生的树木倒卧，并排生有等粗的十余树干。原制作者意欲做成过桥丛林的形式。通过对原坯大的改头换面，去除收头不好的多干，取形造势后超然化物成为悬崖式，较大的提升树格，变为形质意足的好作品，观赏价值直线提高。

收藏　王其富
树种　金弹子
形式　异形悬崖式
规格　横长120厘米

## 《丛山峻岭》

以桩示山，山连山，形成丛山峻岭。天际线为远景疏林，山林结合，丛山峻岭天际树林融合奇妙。丛林式的树有整体制作形成林，有独立制作形成树，再以树木集中表现森林。山形丛林是丛林式的高级表现形式，丛林生长在活体的山上，山和林自然结合，堪称圣林。

盆的变化用了天生云盆，盆是石石是盆，盆是景景是盆，盆生幽境，树山景结合紧密，地貌更加突出。

山形丛林结构分为树和桩两部分，树和桩有机结合构成山林。有山有林这是山形丛林的基本条件。而山与林怎么形成和构成又各不相同。此作山体几起几落，宽阔雄伟成崇山横垣之态，有高山峻岭之姿，山苍林疏，有林野苍茫之姿，丛山峻岭由此得名。

收藏　王其富
树种　金弹子
形式　树山式
规格　横长120厘米

《造化钟灵秀》

　　树桩取其有价值的部分，树根是最大的亮点，附枝伴嫁而来，构成临水挺生的基本形态。人工根据临水的形式赋以飘枝外伸，做出后续的多级枝组和树冠。作品高挂山崖挺立巅峰，远景处理，回归自然，犹如人在景里身临其境。

收藏　王其富
树种　金弹子
形式　异形式

《林野苍茫》

　　此作品属高大型密林，树根铰链，层峦叠嶂并排而生于狭窄的石缝之中。作者通过拨、隔、牵引，拉开了根与根的前后间距，形成纵向的景深排列，有了生动的根连丛林形象。其林优雅茂密清翠，树根错综穿插连接。树林主客疏密得当，既能悦目又能赏心，怡人心脾。

收藏　王其富
制作　高云
树种　金弹子
形式　根连丛林式
规格　盆长160厘米

**王其富**　企业家，博达生态园园主。盆景收藏家活动家。专业做房地产业余喜爱树桩盆景，积极进行树桩盆景艺术活动，采用嫁接成型法快速制作古桩。注重收藏顶级树桩盆景作品，热心辅助重庆盆景交流。代表作有嫁接成型的《鲤鱼跃龙门》，收藏金弹子代表作有《狂草》《丛山峻岭》《峡江栈道》等。

**三邑园林**　法人代表胡世勋。以园林古建筑为主要特色，金弹子大型地景树桩盆景突出，规模大，数量多，制作继承川派接身逗顶、老妇梳妆、直身加冕等盆景技术，将川派传统传承发扬光大。

## 《加冕》

　　此作品留有老川派的技术痕迹，高大细瘦双足挺立，枝繁叶茂，上下出枝，丰满树身。

制作　三邑园林
树种　金弹子
形式　斜干式
规格　150厘米

《横岭》

此作品树根附石紧抱住峰巅，穿行在石缝，弯曲下延到底土中，以树抱石而不是倚石。作者把握附石式的原则准确，山石古苍，石为山意树悬绝壁，树干长飘过峡，在悬崖式里不多见的。

附石式源于自然树对人的启迪，出现在盆中是人的意识。意在笔先，要求树桩按艺术作用去表现树木顽强的生存意志和力量，让它给人以示范和感化。

制作　任德华
树种　金弹子
形式　附石式
规格　横长68厘米

《人与山林近》

此作品云盆成山，组合成林，疏密有致，主客有韵，注重选材，人树景奇妙结合。树枝清雅寥寥几枝，林相写意生动，见林又见树，景的处理自然入画。

见石不见土，养护难吗？制作者回答，喜欢就不难。云盆石质软而多孔，可以吸收较多的水分滋养树桩，毛细根可以深入孔隙，常作喷淋以石土吸水涵养树桩与同体积泥土相似，透气性更好。

制作　任德华
树种　金弹子
形式　组合丛林式
规格　横长80厘米

《云林仙境》

　　该作品密林景象，用单树配栽成林，根基紧密挨连，似成根连一体。组合的林相高低疏密搭配自然，穿插有序景深强烈，让思绪回归山野林间，是何其自然生动。且在初夏用净根组合配栽，人的技术作用发挥到一个最佳的高度。整件气势逼人。

　　盆的变化用了天然云盆，底座为人工的仿制云盆。盆生幽境，地貌更加突出。

　　"繁而不乱，野趣十足，虽为人组，却胜天然，确实是一个不可多得的作品。""盆与树的完美组合"这是盆景网站上对它的客观评价。

　　剪枝是技，留枝有艺。枝的剪留是密林景象成功的保证。透视感强比例协调，动静配合，主从疏密有致，以小见大，用树达林，反应出来的树林景观在形上能赋以原野山林的意蕴。创作原理的应用在作品里处处得到体现。

　　作品以配植的多株树桩组合构图，林深参天，嵯峨绵延，有古雅的丛林景象，是心中的丛林式盆景。技法尤其好，在狭窄的空间布了17棵大小不同的树桩，密林景象在技术处理上难于疏林。本作却处理得很成功。各树独自成林，其更有树味。在丛林式里，用独立的每一株树来形成树林，更有技术含量。其树林分布高低有错落，前后有景深，呼应有配合，树的取势甚为恰当合理。盆景创作原理的自然应用体现出很高的水平。造型与养护的功力也很到位。是好技法、好功力的集中体现，饶有诗情和画意。枝叶经过精细修剪，布式合理有韵味，争让关系良好，脱衣可观骨，观新叶。

制作　任德华
树种　金弹子
形式　配植丛林式
规格　盆长170厘米

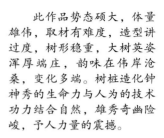

《蜀韵》

此作品势态硕大，体量雄伟，取材有难度，造型讲过度，树形稳重，大树英姿浑厚端庄，韵味在伟岸沧桑，变化多端。树桩造化钟神秀的生命力与人为的技术功力结合自然，雄秀奇幽险峻，予人力量的震撼。

制作　沈洪光
树种　金弹子
形式　一本多干式
规格　高126厘米、宽145厘米

**沈洪光**　成都盆景资深人士，作品培育注重功力，形式浑厚讲究气势，有川派的优良传统。

《无题》

高山金弹子体态大，生命力更顽强，生长快，不为介壳虫侵害。《无题》是高山金弹子的大型根连丛林作品。成型以修剪为主，蟠扎只是调节枝的角度关系，养护起到完成造型的重要作用。地栽可以加快金弹子枝条成型的粗度，观赏根也能快速形成。

制作　卢新义
树种　金弹子
形式　根连丛林式
规格　150厘米

**卢新义**　遵义盆景达人，热心当地的树桩盆景发展，积极组织当地盆景交流活动，金弹子制作有较好造诣，对当地盆景发展有推动作用

《峡江之恋》

桩形山艺，树立天际，山脚、山腰、山峰、山麓、山垭乃至悬崖绝壁都有树的生长存在。江山、石树景色结合写意写实，大江大山，夔门西陵有形有色有声，瞿塘峡川江的船工号子萦绕，诗情画意中更有音律的发出。该作品造型技术体现在景的处理自然丰富，比例的掌握丈山尺树合理，尤其山麓之树比例尤其好。

制作　肖庆伟
树种　金弹子
形式　树山式
规格　高60厘米

结果期的作品

《穿越时空》

久远的年代3棵果实掉在泥土里，多年生长起来。互相挤压愈合连接在一起共同生长，形成山野树木三本一体。长期被山民反复樵砍，残留为低矮的树桩。被好桩之人发现后就成了现在的苍古形象。原桩默默无闻，人工介入使人树结合，树枝造型各自独立又互为依靠，古老大树的形韵就浸在诗情画意的画面里了。

树枝造型技术和养护技术结合，形成了过渡良好的枝条。大枝带动小枝，小枝稀疏俊朗，体现出古树枝条的画意。树桩在金弹子材料里面不算好，在枝条造型蓄养和地貌处理方面是此作成功的关键。

制作　肖庆伟　代维权
树种　金弹子
形式　大树式
规格　高80厘米

肖庆伟　重庆南山非物质文化遗产盆景传人，从事园林工作，树桩盆景制作人，建有自己的园子。

盆景创作有连续性，成型后仍可改作。改作后的作品配栽了一棵低矮的树，减弱了地貌。与原作比较，画面臃肿，密不透风，失去挺拔古桩的树相，树干弱化，地貌小气，取材也失去根连的多干形式，落为配栽多干的形式，降低材料的技术等级，似有画蛇添足之嫌，损失了部分观赏价值。

《佛缘》

此作品树干根块，是老天造化的奇异桩材，达到的难度和姿态实乃天物。走向复杂，树液输送曲折困难，顺利地闯过生桩成活大关，进入初成型的欣赏阶段。这是金弹子栽培容易的实证。形、韵、意任人联想的空间之大，承载的内容似它的形态那么复杂。老天的造化不敢亵渎它，以佛缘来命名题咏它。

制作　左世新
树种　金弹子
形式　异形式
规格　高68厘米

《太翁古风》

此作品只看外形就知是人在垂钓，古有姜太公钓鱼，愿者上钩之传说，作者引经据典，揉进内涵就成了太翁古风。

制作　左世新
树种　金弹子
形式　象形式
规格　高30厘米

《闻鸡起舞》

此作品桩体基隆部分细小，中部却膨大，在有些分类形式上属犯忌，大树型没有肥大的基隆就不可思议。

但作者因形赋意，不守成规，善用资材，赋以蕴意，给作品增姿添彩，是突破桎梏的方法，现代盆景就有了更大的发展空间。象形的桩体，异形的资材，你要应用好就得发掘内涵。

制作　左世新
树种　金弹子
形式　垂头式
规格　18厘米

《高山流水曲未终》

此作品的看点在大自然生成的线条变化，曲直结合，妙趣横生，久看不厌，引发对树木天性的生存适应思考。人工技巧在与树的融合中不经意就实现它，也就扭枝摆件，更大的施加技艺在构图取势赋意上，命名用"高山流水觅知音"典故做引申。

制作　左世新
树种　金弹子
形式　垂头式
规格　高90厘米

《智者》

　　此作品属象形式，经典的人头，各部形态俱全，神似外国老人，经历了许多社会事务，阅人无数，锻炼出睿智的目光。有形神兼备的气态，造物主不凡。发现的作者有机缘，借助寥寥几个小枝，就可简约地做出有韵味的作品。该作得来全不费功夫，树桩盆景就有这样快出作品的方法机遇。

制作　左世新
树种　金弹子
形式　象形式
规格　25厘米

《磐石汇三贤》

　　此作品根如磐石，横垣卧岭，岭上三树交融挺立，互相穿插，似扎根磐石，立地山间，三树汇聚顶天立地，撑起一片蓝天。

制作　左世新
树种　金弹子
形式　一本多干式
规格　高60厘米

六　金弹子作品赏析

**左世新**　树桩盆景艺术家，黄葛门盆景园园主。根艺盆景代表人，以根代干为方向，从挖桩就开拓大量桩源。造型简洁明快疏爽，执着地为金弹子盆景传播付出力量。多次获得全国盆景展和市级展各类级奖，代表作有《佛缘》《太翁古风》《童趣》《闻鸡起舞》《天物》《高山流水曲未终》《智者》等。

《天物》

金弹子野生就是有造物主的存在，要把它造化得千变万化，扭曲拐摆，立体极化，旋转挤压，膨大异化，多种变化集于一身，其形让人震撼。得到后让人喜爱把玩，爱不释手，给人带来身心健康，精神愉快。

制作　左世新
树种　金弹子
形式　曲干式
规格　高15厘米

《根深叶茂》

此作品本固枝荣，金弹子难于有这样丰富的粗壮树根集中在根部基隆，其自然生成，满足了盆栽的需要，造物主懂的。

制作　穆恒
树种　金弹子
形式　一本多干式
规格　高67厘米

**穆恒**　重庆中生代树桩盆景制作者经营者，以大中型为主，作品成熟。

《山林的呼唤》

　　此作品制作很好地贯彻了树桩盆景创作的原理，主次分明，高低错落，主大客小，疏密得当，呼应对比，透视景深比例协调，以小见大，移景缩树，形成幽雅的地形地貌和美好的山林画面。

　　林相构图起伏变化小，布石为景与泥土结合紧密度不够，镶嵌进泥土效果更好。

制作　　代维权
树种　　金弹子
形式　　组合丛林式
规格　　盆长110厘米
图片来自　　老果果

张志刚　金弹子盆景制作者，交易者。交易活动积极，制作以树桩来源而因材料进行，形式变化大。

《时光倒回》

　　此作品选材以桩为山，技术远景处理，枝条写意为远景小树，配石头做地貌坡脚呼应高山远景，摆件表达时空。选盆古拙增加沧桑感，与摆件古装人物搭配协调自然。枝条放养基本到位后，整体控制为中型，便于一人移动入室出房，应用和养护管理方便，适合家庭和阳台摆设。

制作　张志刚
树种　金弹子
形式　树山式
规格　高58厘米

夏科智　川南泸州盆景爱好者，收集和制作喜欢的树桩，以树桩盆景修炼完善自我。

《本是同根生》

　　命名反映了作品具有根连的选材特点，在内涵中借喻两岸关系，同胞之情血浓于水，水旱结合，丛林密布，大小对比，高低参差，把远景视觉山势江河树木概括浓缩得活灵活现。

制作　夏科智
树种　金弹子
形式　根连丛林式
规格　盆长150厘米

《历经风雨》

桩本平凡，作者大胆心狂，能利用直干树缕干雕腹，改变树干形象，形成舍利，提升树格，有沧桑古树、历经风雨、坚韧顽强、枯而不朽的精神。把一棵直干树做出了韵意深的作品，人的技术作用就提升了树格，带来艺术的价值。见有树干雕琢后染色的方法，可作为金弹子未炭化变黑前的过渡手段。

制作　代得利
树种　金弹子
形式　直干式
规格　高85厘米

《飒爽英姿迎秋风》

一年一度秋风劲，红果缀满枝头，是金弹子的最佳观赏时期。树桩盆景除了能观果，基础的是树姿树形的曼妙，二者结合，更上一层楼。

作品的选材严谨，树桩弯曲发生在极小的弧度内，自由变化。树干下大上小，收势有节，自然耐看，经得住推敲。树身苍古鳞峋，凹凸变化不绝，出枝高飘，长短疏密对比有度，韵在树姿树味的结合。

制作　田世万
树和　金弹子
形式　斜干式
规格　高63厘米

六　金弹子作品赏析

此作品山势陡峭，树势雄奇，壁立千仞，扎根深渊，立身江峡，百年千年矢志不渝。气势宏大，山势浩渺，树山结合，景色雄浑，巴山渝水蜀树融为一体，地方乡土气息浓烈，是乡情乡音的立体展现，让游子魂牵梦绕。

制作　姚志安
树种　金弹子
形式　附石式
规格　高80厘米

《山的襟怀》

树山结合成为附石的特殊形式，山体包容树体，树石相融合，树体直接进入山体的形态在附石式这个分类形式中少见难觅，作者的独出心裁给人眼目一亮，技艺有方法创新，作品有个性特色。

技术手法细腻，山树附着难见人工痕迹。山石吸收水分能养活树桩，以石包树，山抱树于怀中，足见大山的宏大胸怀。

作者擅长山石盆景，具备顶级水平，因而处理山型与树的取势构图，有优于树桩盆景制作者的基础。树枝成型还需时日，尤其是大水大肥强光高温放养，使枝干达到良好的过渡状态。

制作　姚志安
收藏　王其富
树种　金弹子
形式　附石式
规格　高62厘米

**姚志安**　盆景艺术家，主持北碚公园盆景园。重庆省级大师，擅长山石盆景，风格平远透视，全景处理入微。国家级一等奖经常获得者，代表作有《独钓中原》。

此作品主干弯曲流畅，高位出枝，优雅得体，清新简洁。树枝和树冠的制作造型在桩的上位，形成了树人结合的两个部分，恰好遮住砍截部位，藏露得体的创作原理应用手法自然。

制作　夏云
树种　金弹子
形式　曲干式
规格　高70厘米

**夏云**　合川区金弹子盆景爱好者，喜爱和从事盆景制作较早，注重树形树相的塑造。

《入云》

此作品高耸孤峰，双梢偃压，苍劲挺立，浓郁入画。移山盆中，引树立山，盆景功能，尽皆体现。

制作　裴家庆
树种　金弹子
形式　孤峰式
规格　高78厘米

**裴家庆**　树桩盆景艺术家，重庆盆景大师，盆景园主，重庆知名盆景制作者，作品多次获得全国盆景展览一等奖、二等奖，制作精细，功力深厚。

六　金弹子作品赏析

《苍硕》

此作品苍古弯曲飘逸，树桩天然形成，老态龙钟。制作以飘垂取式，俯斜下探。结顶利用又一古干，枝叶浓稠。韵饱势足不一而已。

制作意欲以飘枝取胜，俯斜下探，结顶又一古老的树干上扬，枝叶过盛有夺其飘枝气势的嫌疑。以强度剪裁，缩成简洁明朗的劲节枝爪，让势于飘斜的主干，似乎更合理。

制作　杨正华
树种　金弹子
形式　悬崖式
规格　长120厘米

杨正华　金弹子树桩盆景爱好者，以盆景丰富和充实生活，增加生活的情趣，注重作品观赏价值的实现。

《激荡飘悬》

此作品树干变化苍劲，姿态弯曲有度，入式有势态和韵味，悬挂的力量使得作品的耐看性更强。

制作　杨正华
树种　金弹子
形式　悬崖式
规格　高45厘米

《同心永伴》

　　此作品同根连理一本横亘卧地而起，两干分立而起后又合拢，双干起来犹如心形，收头有节，中间分开弯曲外张，上部又自然合拢，树味浓烈。树桩本不大，以横卧变化之姿显出道虬劲美。一本双干有的形态又被称为夫妻树，树似夫妻缠绵相随，形影不离，海誓山盟，更能突出树桩盆景作品的主题思想，有益于促进家庭文明建设。白头偕老，有相伴永生之意韵，又有同根连理之喻。此作双干交缠成心形，给夫妻树增添了形象，以形映出同心连理之意。因材赋意命名画龙点睛，同心相伴形神兼备。树桩的天生形态烘托传统文化之神韵，蕴含连理同心的夫妻恩爱，更能突出树桩盆景作品的主题思想，长相随永相伴，愿天下夫妻同心永伴到百年。陈设摆放于室内，可极大地增强家庭的凝聚力。

制作　曹明君
树种　金弹子
形式　一本双干式
规格　高85厘米

《嘉陵歌乐》

　　此作品桩高58厘米，不高也不大。但在宽浅的盆中对比性强，配石代坡岸、桩体代山衬托处理，比例明显。以咫尺之躯见出了硕大的山体之势，江之浩渺、山之巍峨一目了然，以小见大的创作原则的作用彰显。

　　作者采用景盆法置景，远景处理，山石江河树桩融景合物，有限的素材发挥出恢宏的作用，展示出艺术的效果。山势浩渺，地形险峻，以桩成山，江水树木山势融汇在一景，以巴渝名山胜水呼之。嘉陵江歌乐山，改革开放予人深切变化，带来福祉，是人民经历的社会变革，嘉陵江边歌乐山下的变化也印在人民的心里。

制作　　曹明君
树种　　金弹子
形式　　水旱树山式
规格　　盆长120厘米

## 《东风荡河山》

桩似山峦，双干回斜与枝的风动配合，全树动势强烈。布景山河树石结合，风动叶骨共观，有树山、一本双干、风动、水旱多式与景盆法复合，着笔不多，出作品时间快，技艺含量高。以水为江河，以石为岸，以桩为山，以枝示风进行写实写意，命名与时代相结合，饱含积极向上的社会责任感，焕发出爱国主义精神。

作品选材因形赋意，剪留合理，用透视比例处理景深，以小石矮桩表现高山大树，水石增加江景山河效果，构景造型写实写意典型性强，以形传意，提升树格，反应作者立场观点，功夫既在盆内又在盆外，以名和形导意，盆景的技术与艺术作用结合，引导人们积极思索。

制作不要划入技术主义，非得按一些形式去拼时间的积累，时间不可多得，只有尽快出作品，才可能满足现代社会的节奏。不计时间和成本出作品，只是一个方向，还要顾及其他方向的发展。

《东风荡河山》注重的是写意写实，荡涤的什么，怎么荡涤。写实寥寥几枝，两年间就可观赏发挥。注重的还有个性和景物所表达的内涵，石头为河岸坡脚，养水为江河，桩坯为远景高山，枝为树，次枝侧向布置，似狂烈的东风荡涤河山的污泥浊水，寓意靠观赏者想象和发挥。

制作　曹明君
树种　金弹子
型式　复合式
规格　树高 60 厘米

《呼归》

　　长江在重庆城区段有一巨石，石后涂山屹立，禹帝王家住涂山。传说大禹治水三过家门而不回，其妻涂山氏常到江边呼君治水早日归家。其站立之石就被称为"呼归石"

　　又有一说是川江船工长年在江上漂流，不得归还。常有家人站立石上呼望其夫踪迹，久之故名"呼归石"。呼归之意在现代也有了新的内涵，将其人性的成分纳入其中，命名为《呼归》。

　　象形盆景不是猎奇，更能赋意。象形树桩不但在于发现，更加在于发掘它的外形带出的内涵，因形赋出意来。达到深化主题升华形象，以艺术的力量烙印在人们的心上，从而过目不忘。

　　此桩发掘出具象的少女人形，三围俱佳。有海的女儿的意味，是被盗取了头部的海的女儿。又似为了正义被砍头的"不屈的少女"。多种赋意以"呼归"做现实主义的题材，也许就既有浪漫主义在其中，又有现实主义于其上。

制作　曹明君
树种　金弹子
形式　象形式
规格　盆长50厘米

《巴山咏春》

　　作者将树之根头疙瘩因形赋意为山，布景突出山意，赋以巴山渝岭的寓意，有巴渝山水的风物特色。

制作　曹明君
树种　金弹子
形式　树山式
规格　高68厘米

**曹明君**　树桩盆景理论家实干家艺术家。既做自然类又做小苗育桩，以《树桩盆景实用技艺手册》《树桩盆景技艺图册》创建了树桩盆景的基础理论体系。桃李满天下，推动了树桩盆景的进步。在互联网引导金弹子走向了全国。创造了小苗育桩、嫩枝造型、立体极化造型，透叶观骨的理论和素材。作品注重挖掘意涵，写意写实性强，形景意结合，代表作有《东风荡河山》《呼归》《同心永伴》《龙眺嘉陵》《怪树林》《巴山渝岭》《垂范》《嘉陵歌乐》《一山飞峙大江边》《亲昵》《桀骜不驯》《历尽曲折》等

《故乡的山林》

　　山林是重庆的代表地物，歌颂家乡，以其为创意，因意索形于材料中，得到根头塑造为山岭树林。家乡山林之形油然而生，引起人的怀恋与热爱故乡的情思。

制作　　朱顺全
树种　　金弹子
形式　　山形丛林式
规格　　30厘米

　　**朱顺全**　树桩盆景资深爱好者，基础素养好，设计能力强，利用房前屋后制作盆景，代表作有《故乡的山林》《临渊》《昂然》等。

《雄关如铁》

　　此作品造型层次明晰，浑厚凝重，雄壮如题。桩形胜过树形，树形媲美桩形。功力出气势，气势赖功力。题名源自毛泽东长征诗词名句，树形景物与命名结合，娄山雄关苍山可越。作者黔人，用贵州物产歌颂黔之风物历史，爱乡言志，寓情予物，抒发情怀。

制作　　苟开强
树种　　金弹子
形式　　大树式

**苟开强** 贵州盆景达人，他的作品以雄奇浑厚、培育成熟、养护精良为主要特点，他积极开展盆景活动，有一定的知名度。

《春风和鸣》

万物复苏仰赖春风，老桩感春，生机盎然风情旺发。春风的滋润，和谐自然，繁荣昌盛，此作品借景生情歌颂和谐社会的建设。

制作　苟开强
树种　金弹子
形式　大树式

《梦幻》

造化之功给人向往，是梦幻的根本动力。注重选桩，是重庆盆景的风格之一，金弹子出桩是地方乡土树种的优势，轻造型不是时间未到而是功力不至。

制作　游寿宣
树种　金弹子
形式　大树式

**游寿宣** 树桩盆景爱好者，热爱制作，喜欢应用，痴迷收集。

《密林山岗》

材料即景，这是各类根连丛林
的最大特点，小桩小树也不例外。
人工的处理施加技术手段，渲染
景象，自然真实，比例和谐，
有移山缩树的功效，有回归
自然的实际景观感。

制作　杨进
树种　金弹子
形式　丛林式
规格　高80厘米

曲干曲枝，跌枝到底，
取材依赖金弹子的资源丰
富，形态依赖金弹子的变
化，造型用写意方法，这
是现在重庆树桩盆景风格
的重要标志之一。

制作　杨进
树种　金弹子
形式　曲干式
规格　高78厘米

**杨进** 金弹子盆景爱好者的后起之秀，起点高，制作肯钻研，作品讲选材和制作，享受制作过程。

此作品依赖自然生成的坯子，写意写实做出树形，人的技术处理和天然形象融合，跌枝为主，主枝突出，小枝简洁，树形写意。注重选材，制作意到形到，柔曲秀美的韵味悠长。

制作　杨进
树种　金弹子
形式　斜干式
规格　高80厘米

此作品多本相交，穿插鼎立，形成宽大正面，基隆有了稳定感和看点。天生树根，利用得法，选材范围思路活泛。体现了金弹子材料的多样性，制作者把握了桩材形式的灵活变化性。

制作　吴杰
树种　金弹子
形式　多本式
规格　高68厘米

此作品取材有个性，构图险峻，树势缥缈。造型取深跌主枝，就势而为，可以呼应树干。出枝的方位和角度应靠近树干，紧凑的树形才可显现。

制作　吴杰
树种　金弹子
形式　曲干式
规格　高42厘米

**吴杰**　建设机床厂员工，金弹子小型盆景制作是其强项，数量多，养护良好，树桩盆景交流积极。

《飞扬岧倾奈若何》

环境险恶，树干扭曲岧倾，大树重心左逸，有树根若干抓在大地里，保证树木的生长延续，给生命以最有力的支撑。至此势态复归平静，生命有了美满的境地，进入繁茂的生命周期。

制作　刘松飞
树种　金弹子
形式　斜干式
规格　高55厘米

### 《山林拥翠》

此作品一本多干，有树形的变化，高树矮树相拥，富于野趣，富于自然风情，受到喜爱的是它的画意，有回归自然之感。清瘦的树木同样有画意诗情，清瘦孤高是树木的常见状态，反映在盆景内就是一种瘦高树风格。

制作　刘松飞
树种　金弹子
形式　丛林式
规格　68厘米

**刘松飞**　嘉陵机器厂员工，金弹子盆景爱好者。热爱制作，留恋过程，积极交流。技术特点简洁明朗，朴实升华。

### 《飞云流影》

此作品飘泄曲结悬荡，节奏韵律舒缓流畅，看点在韵味。制作者轻松地用好了树材，玩得自然顺贴，后续的培养需要加力放养。

制作　陈建生
树种　金弹子
形式　悬崖式
规格　高78厘米

《曲韵》

　　扭曲的树干，节律的弯曲，在视觉里面成为看点，利用这样的材料因势做出相应的枝片，形成作品的独有面貌。

制作　陈建生
树种　金弹子
形式　曲干式
规格　高80厘米

**陈建生**　军队退休干部，生活在树桩盆景的制作中得到充实，玩桩成为他的一大爱好。

《缠绵》

　　此作品高低有呼应，姿态有韵味，形式有变化，取材讲个性，内容有韵涵。制作贯彻清瘦、简洁、高飘的风格，立意突出夫妻树的呼应配合，用最少的枝叶将双干文人树的写意方法运用到实处，枝条还有待成熟。

制作　杨凯
树种　金弹子
形式　文人树
规格　高68厘米

**杨凯**　成都金弹子盆景爱好者，热爱树桩盆景艺术，入道早，经营盆景，专于制作，以此为乐，作品多流向社会。

**邱政**　资深盆景人士，广东湛江人，在重庆活跃于树桩盆景行业，热心制作与交流，密切联系广大盆景人士，推动了重庆与岭南及全国盆景在人与物上的交往。

《飘逸》

　　此作品树姿长飘潇洒，树干游走自如，细瘦曲逸。双干临水一干昂扬一干俯首，各有姿韵，上下起伏变化，线条柔美流畅，回味丰腴，怡人怡心。

　　作品虽细瘦缺雄奇，但线条的游柔曲转的变化带人到另外一种柔美风格之中，是金弹子或树桩盆景形式的百花齐放，抓住这种变化就丰富了树桩盆景的形式和掌握了发展变化，章法贯彻其中。不求树体的硕大，但求线条的万变和韵律的追寻，不失为一种玩桩的路子。

制作　邱政
树种　金弹子
形式　临水式
规格　飘长80厘米

《根多叶茂》

　　本固枝荣，根多叶茂，叶茂才能根多。树根为参天大树提供生长的基础，树叶为根输送养分，叶因根旺盛，根因叶长成，相辅相成，相得益彰。在此作品中，树根既是结构的组成部分，也成为了观赏对象。

制作　罗元初　钟源
树种　金弹子
形式　曲干式
规格　高89厘米

**罗元初**　从事金弹子制作时间长，作品数量多，管理技术强，老桩栽培经验丰富，是埋头实干的制作人。

六　金弹子作品赏析

191

《平野高山望远影》

　　在平野望高山远影，有透视也有景深对比，山树直观彰显。这是金弹子早期出现在省级盆景展览现场的树山式盆景作品，探究树山式怎么造型，怎么表现景象的方法。它的及时出现对树山式的发展有示范意义。

　　山型丛林能较早做出实际作品，有快速成型的速成效果。树山式以枝为远景的树，化枝为景，对过渡枝的粗细要求低。树枝为远景树体的表达，粗壮的是老树，也可以是近树，细小在透视里是远树，为作品加深比例，山上的树小而在感官上变远，就可缩短培育时间，尽快出作品，尽快满足欣赏的需要，树山式就有这么好的优势。

　　画面平野高山，远树挺生，山形突显，树生山脚、山腰、山顶，写实也写意。树枝采用嫩枝造型有些微曲，做出来技术含量、难度，观赏价值更高。

制作　卢石宝
树种　金弹子
形式　树山式
规格　横长115厘米

《鸳鸯欲飞》

　　此作品以天生桩坯的双垂双悬形态构图取景，似鸳鸯双双欲飞，野性十足，变化迥异，体现金弹子树形变幻的奇妙，不拘一格，多姿多彩，为其他树种所不及。制作的方式方法突出主枝的扭曲和过渡。一级枝为纲，二级枝为目，协助表达，少用三级枝，为金弹子少见采用的空灵状态。

制作　孙德柱
树种　金弹子
形式　悬崖式
规格　横长42厘米

《灵韵》

　　此作品树干走势扭曲拐摆、灵动奇妙，弯曲细节变化于入微，画意凝聚，姿态生韵。树枝造型匠心独运，个性突出，有力度有曲结，养成膨大、挤压、过渡好的树枝，技术含量高。养护管理技力到位、树枝放长内因起作用到位、作者造型极化到位这三者结合才可创作出这样的姿韵。

制作　孙德柱
树种　金弹子
形式　斜干式
规格　高72厘米

《卧龙抱春》

　　此作品取材走势异形，姿态线条突兀，形奇韵味灵异。受尽顽石压制，按自己的方式生长，表现出自己的天性。构图侧向，便于展露出最佳效果。造型培育精良，突出主枝和二级枝，不讲三级后枝，有达摩空灵、力透万物的匠心。这种手法只金弹子萌发力强的树种敢取，养护技术好的才能做。

制作　孙德柱
树种　金弹子
形式　异形式
规格　高58厘米
摄影　老果果

《一蓑烟雨任平生》

　　此作品苍荞飘逸，三根三干，自生姿态利用为多干的悬崖临水。最为难得的是制作的树梢，养出了合理的过渡枝冠，叶骨共观，表达了曼妙的树形、树韵。时间的充分利用，人树的圆满结合，做到了不露痕迹。成熟后的姿态自带形韵，给人美的感染力。

制作　孙德柱
树种　金弹子
形式　临水式
规格　飘长120厘米

《松鼠跳涧》

象形是老天的造化，而发现在于人，象形式是天人结合的机缘巧合，偶然性极强。发现了就得到了，没发现就没有象形式。而金弹子就是那么神奇地出现了很多象形式。此作悬崖式的上部树干，象形式的下部树梢，相互结合，形成了松鼠跳下深涧的生动形象，具象至极，像之又像，人的艺用和老天造化结合得天衣无缝。

制作收藏　晏竞　孙德柱
树　　种　金弹子
形　　式　象形悬崖式
规　　格　高56厘米

**晏竞**　出道早，致力于金弹子盆景收藏和经营，兼具制作，与业内人士交流多，密切联系制作者和市场。

顾盼生情

此作品多本一干，两枝一冠，看点在长枝下垂，一垂到底，个性明白准确。稀枝少叶，写意为上，简明扼要，点到即止。金弹子下垂枝的培育极其缓慢，养分输送困难，作者已经用时漫长，成熟还需等待。金弹子盆养选择制作垂枝需要付出较长的时间。

制作　简木生
树种　金弹子
形式　垂枝式
规格　高60厘米

树式卧干异形回转，姿似提篮又若漫卷风云，变幻诡异。金弹子的取势构图个性十足，左侧树枝处理还需强化和细化。

盆养树桩难有粗壮的树枝，这是金弹子发展的通病，盆内培育树桩的树形景象必须掌握培育技术，快速育桩快速成型。另一方面选择容易助长的方法只养观赏枝，通过放长达到速成。

制作　简木生
树种　金弹子
形式　提篮式
规格　高56厘米

《高树流云》

此作品树根鼎立，树干弯转上扬，树梢下泄形成对比强烈的树枝造型风格。以线条的脉络往复为观赏的展示方向，有别于他人的方法。

树桩盆景的制作百花齐放，众多风格让人目不暇接。得益于众人拾柴火焰高、不拘一格的思路，为今后的盆景技术发展集聚更多的能量。

制作　简木生
树种　金弹子
形式　一本双干式
规格　高78厘米

**简木生**　重庆金弹子盆景资深人士，制作能力强。嫩枝蟠扎、弯曲极化、垂枝造型是其技术特点。

六　金弹子作品赏析

《来留去送》

　　他山客避风雨来，卧干回荫意相留。临行逸枝逍遥去，翠色远探且相送（文字藏尾诗为作者自注）。

制作　涂藤耀
树种　金弹子
形式　卧干式
规格　高67厘米

《化迁为直》

　　化者戊戌作相，迁生徒劳之功。为事谦和不媚，直行即为正道（文字藏头诗为作者自注）。

制作　涂藤耀
树种　金弹子
形式　垂头式
规格　高76厘米

　**涂藤耀**　金弹子盆景的后起之秀，露台育桩，时间短进步快，注重对树桩的选择和造型、培育。

**《幽林屹岭》**

此作品树根多株并联，穿插迂回，紧密结合，盘根错节，横卧地面，姿态好而难得。树干主客分明，主高客低，主大客小，各有中心，分布合理。树枝骨重叶少，观骨效果佳，露骨出姿，透叶可以观骨。作品的结构完善，林相优美，让其着生于云盆之上，有幽林屹立山岭的自然韵律韵味，林景结合自然。

制作　喻向东
树种　金弹子
形式　连根丛林式
规格　树高46厘米

**《云中游》**

此作品树形自然，桩形生动，天生桩坯，枝梢人作，人树结合。地貌布石，融景生情，乐在其中。

制作　喻向东
树种　金弹子
形式　临水式
规格　横长58厘米

六　金弹子作品赏析

199

《笔走龙蛇》

此作品树干双曲，往复回转，自由挥洒，线条奔狂，起承收放，上升下垂，转圆配合，书家技艺，盆景个性，酣畅淋漓，观怡心脾。

制作　喻向东
树种　金弹子
形式　异形式
规格　高35厘米

《恭迎宾客》

此作品两本合为一体，一冠低头下垂，鞠躬作揖，谦卑待人，这是垂头式的涵义所在。以形能带出文化内涵，抒发蕴意，是树桩盆景创作从外形到神韵的升华，以形赋意，形式为内涵服务，体现文化还需深厚。

制作　喻向东
树种　金弹子
形式　垂头式
规格　高48厘米

《飞树入岭》

古树形态若飞，动感强，韵律深，抱石骑岭，欺风弄势，小中见大，石树比例佳，盆中铸春华。石不在好，能用来表达作者的意图就可，同样可以出景，生出自然感。

制作　喻向东
树种　金弹子
形式　鞠躬式
规格　高38厘米

《卧岭压云》

叠石为地物、地貌、山崖坡岭，大树从山的缝隙处扎根，横卧岭间。一古树下垂一树上扬，双树互为犄角，互相呼应，各得其所，树石的融合天衣无缝。这样的素材难于构图利用，作者因形赋意，巧于取势，树石关系入理，赋予的形式配合石材做出了好作品，难能可贵。培育下功夫深，经过了多年的盆养，才造就了过渡枝的融合姿态。

制作　喻向东
树种　金弹子
形式　树石式
规格　横长40厘米

《云卷气抒》

此作品下部基隆扭曲，上部树干流畅奔放，曲直张弛有度中不乏妖艳细瘦，点睛在韵味，扭曲翻卷增加看点，小型的选材可以造就好作品的诞生，金弹子就不缺这样的素材。小微型的金弹子盆景正好适合家庭室内陈设欣赏，老幼妇女可以自由移动出室入房，更利于盆景普及，走进千家万户。

制作　喻向东
树种　金弹子
形式　曲干式
规格　高37厘米

《高韵雅气》

树桩的结构由根干枝叶的任意姿态形成，组合方式变化万千，庞杂多变。其中的结构是它的根本，结构的完善，表达的完美，决定它的等级。盆树无根如插木，缺乏观赏根即失去一个结构，犹如人无腿势必为残疾。

文人树的瘦高雅韵体现在结构上，也体现在细节里。韵味与姿态结合，作品就更上一层楼。此作经得起推敲，值得品味。

制作　喻向东
树种　金弹子
形式　文人式
规格　高46厘米

## 《大起大落》

此作素材一般，不入法眼，人工制作造型曲折，起伏弯曲，大起大落，几度翻卷，增加了技术含量和耐看性。人为制作从树干入手，卷曲逆向，大小结合，线条的起落极化，只奈粗壮才可以消除人工痕迹。基隆的难度和弯曲变化是弱项，技术上可以改进。

制作　喻向东
树种　金弹子
形式　悬崖式
规格　高55厘米

**喻向东**　痴迷金弹子盆景的资深人士，最早在盆景艺术在线发起重庆风格讨论，制作以小型为主，注重景的提炼，讲究脉络线条和构图，以姿和势形成风格。

## 《坠悬山崖一线牵》

此作品属于异形的金弹子悬崖式，主干连续弯曲悬垂，线条曲折。树干中部斜直侧走，极度转折回归中线，横生窒涧。树头膨大，树枝多重散点布局，彻底打破了造型的一个主要点。难度在主次的表达配合，长短结合是方法之一，轻重要对应，化繁为简，作品就会得到完善。

制作　谢忠
树种　金弹子
形式　悬崖式
规格　高68厘米

《壁立千仞》

壁挂式以画理取胜，制作者匠心一览无余，远山之上树立峰仞，或飘渺依稀，或英姿挺立。此作以树挺立浩渺的远景处理为机枢抒发胸意。意到枝形欠，需依赖培育成型，而边养边赏也不失为满足过程的需要。

制作　谢忠
树种　金弹子
形式　壁挂式
规格　高100厘米

《曼妙轻舞》

双枝下垂有变化和造型难度，垂枝走势切入树干左侧饶有个性，只是培育的时间会漫长，下垂枝养分输送反向必定生长缓慢，需要养护方法好，养分调度到下垂枝上，放长到位才可提前成型。右侧枝升起下垂的造型角度还要死贴基部，培育出来后更有难度和耐看性。

制作　谢忠
树种　金弹子
形式　文人树
规格　高56厘米

**谢忠**　金弹子盆景的新生代作者，潜心学习研究金弹子的造型技术，积累素材，以自我满足为创作作品的动力。

《造化生姿》

此作品取材得大自然的恩赐，树姿曲结紧缩，往复来回，左侧的伴嫁枝立体弯曲粗硕，天生立体弯曲形状可以充分地展露在最佳观赏部位，造化出来的上下立体形状经典，给人启迪，它比平面弯曲的枝型更直观易于展露。是树枝造型的改进方向，可以增强形状的韵味，增强观赏性和耐看性。

制作　张乾川　中国永川盆景博览园
树种　金弹子
形式　曲干式
规格　高78厘米

张乾川　工于制作，从事盆景园造型管理多年，技术较全面，担当起技术实作主管工作。

马文远　树桩盆景制作者、收集经营者，作品变为商品扩散到较多购买者手中。

《悬贯起落》

小根吊大桩块，重心下落，树冠抬升，复归平衡。异形悬崖式，异在出奇，将不好做其他形式的桩坯用巧于取势的方法做出了悬崖式，体现出奇异的个性特点，在构图上有独到之处，在取势上有活用之妙。

树形不落窠臼、打破常规的下大上小的形式，是高于自然的少见典型树形，绝不是不自然的人为制作。破格形异，典型性强，是大自然的天之骄子。如若树干非得千篇一律要下大上小的流线形就没有异形式，自然的奇妙就见不到。

枝冠造型以扎为导向，主枝定位放养成熟后，就修剪成型。放养时把握形成的主枝过渡合理，后续小枝修剪留枝稍长，一法不师修剪造型，就有不工而功的效果。

制作　马文远
树种　金弹子
形式　悬崖式
规格　树高46厘米

《蜀山情》

蜀中有山，巍然江岸边，山树相映，各得其趣。山形巍峨，大树入云端，写实写景也写意，景象的表达恢宏雄伟，如身临其境。水旱式多偏重布置树与景的结构，此作采用主峰式布景，以桩成山，水石作坡岸，桩的比重大、体量大处于主导地位，水岸占位较轻。

**赖胜东** 成都盆景达人，多年从事制作、收藏，经营各类盆景。继承川派传统技法，自然类、规律类兼做，造型和蓄养经验丰富，作品流传较广。

《婉若游龙》

此作树干圆润劲硕，树姿走势弯曲起伏自如，云端下探，宛若游龙戏凤。树形的弯曲收放有致，线条流动有韵，树干有细节上下弯曲，起伏中有前后左右的细微扭摆，增强了耐看性，树干紧缩，树梢奔放，张弛有度。出枝方位自然向上分布，斜三角布局，剪叶观赏寒天树姿，对常绿的金弹子来说也是一种欣赏方法。

制作 赖胜东
树种 金弹子
形式 悬崖式
规格 飘长98厘米

### 《川江渔歌》

此作品的应用材料为树、石、水、苔藓，地貌景色丰富多变，自然景观和人文景观结合，人与物的活动反应其中，江景深远广阔，绘声绘色，生动活泼。选用的材料易得，制作技术反映写意效果。

水旱式盆景树景结合，不可偏重于景也不可偏重于树，景的制作易于树的成型。石树水摆件主从关系要突出，树不可轻。

水旱式的养护浇水看似难于操作，实际上设好水的渗透通路，让其往盆土长期渗透，既赏水又浇水。水口设在化为地貌的山石与盆底的结合部位，留需要的长度适可而止，水的渗透作用长期发生，简化了浇水的方法，赏水浇水结合，受水效果好，夏季也可以保养好树桩苔藓。

制作　廖光富
树种　金弹子
形式　水旱式
规格　盆长120厘米

### 《我家就在岸上住》

高山远影，江岸崎岖，坡岩陡峭，江水东流，孕育生活。摆件点景出时空，可以达到画龙点睛的妙用，与环境相匹配加强内涵容量，代入主体。此作的江河、塔亭、坡岸景象丰富，意在渲染有山、有水、有树的自然景象，幽美的环境是我的家乡。

此作品主导不是树，景物成了要表现的主体，树成了客配。在树桩盆景的分类形式中，水旱式是树可退居二线的形式。注重写景，树只是搭配，姿态的塑造不够美妙丰满。这是需要时间来弥补的地方。

制作　廖光富
树种　金弹子
形式　水旱式
规格　横长120厘米

廖光富　生活中接触热爱盆景，技在写景，喜欢制作，满足过程，享受作品。

六　金弹子作品赏析

207

王建华　以爱好为目标，业余酷爱金弹子盆景，楼顶收集好桩，养护制作，丰富文化生活。

《空灵》

此作品双干相依随形弯曲起伏，大空间少枝条，线条树韵彰显，空灵顿生。追风走马，空间很大。形韵上佳，有诗情画意，枝片讲究比例、姿韵，枝条打破左右规律，用不对称造型布局增强枝片表现力，增加树形、树韵的个性化，体现作者的审美观念，反映树桩盆景的审美倾向。

枝条简洁，不遮掩树干也是处理好观赏部位的最佳方式，将树桩包含的美妙对象放在最佳观赏位置，直接展现在观赏者面前。最大限度地利用桩坯的价值是创作原理的需要，也是出作品的必然之路。

造型枝条放养严重不够，干强枝弱，今后必须拼时间养出粗壮的过渡效果。

制作　杨进　王建华
树种　金弹子
形式　一本双曲干式
规格　树高78厘米

以根表达形意蕴涵的作者在各地屡见不鲜。但用自己培育的树根做作品的人就不多见了，这就是用金弹子自己育根成为作品的代表作品和代表人物。

金弹子育根和育成枝条速度通常极慢，需十年以上时间，这是金弹子玩家的共识。

原桩只有短小的细根，在楼顶围砖做养地，泥土厚40厘米左右，用强光高温、多枝叶、肥料充足的干湿交替方法，培育出了后续生长的树根，形成了新的根系和姿态，作为主要观赏对象。作品的根系和主干结构，有夸张的姿态和浪漫韵味，形神结合，恰似金鸡独立，更似金凤起舞，尾羽曼妙变幻莫测。

评论和欣赏这样的作品要看它的养成过程，这是半人工培育而成的树桩，不能等同于山采的自然桩坯。人的作用创造的不光是枝条，创造的是一种资源，创造的是观赏价值。没有人工的培育就完全不是这样的作品，就没有以根代干的部分。无气势轩昂的树干部分，只能成卧地的鸡形象形式。作者的起点不同、方法不同，作品气势、形态、韵味、内涵就会截然不同。

在构图新成的少枝、少叶情势下，近两年需培养出顶端的枝叶维持整体树势，养续下部的根干，成为维持新树形树相的主要养分提供者。当然这是指日可待的。成型后枝叶少，日常养护要注意夏季三伏天树皮的保护，应放在比较阴凉的场所，或定期转换方向避免烈日暴晒一个方向造成树皮损伤。

制作　张玲麟
树种　金弹子
形式　根艺盆景
规格　高65厘米

**张玲麟**　树桩盆景爱好者，擅长养护，金弹子育根技术尤为突出，作品造型有个性特色。

《别梦依稀巴山川》

巴山渝水高原山脉，峻岭连绵，雄姿勃发，瀑布山溪流水冲击。一桩山岭山脉山峰，山势逶迤雄奇，连绵不绝，起伏跌荡，主峰高低大小对比强烈。自然生成的名山大川，天成的景象，从平川到高山，绝壁千仞，坡岸横亘，雄奇浩渺。百年千年，以树的生长形成景象和地貌，出神入化，不可思议，这是国宝级绝品。

天赐尤物，树枝造型少需功力，山顶植树，藏住截面疤痕，树干不需着一笔，露出根干基隆，尽情地展现在人面前。最佳观赏部位带来一览无遗的最佳观赏效果。根、干、枝、叶结构完全丰富，各自表现出在景象中的结构意义，清楚表达自己的代表景物。树根形成山坡、山脚的起势，有完整协调庞大的地貌景观。树干多变化，形成山体，峰峦叠嶂，若即若离，起伏连绵，大小对比，主大客小，主峰居中有高远，后山平远透视有了景深，山脉搭配绝妙，自有透视效果。地貌自带，山脉自成，布局自生，人工不可干预，只能在山上树意做技术，树干都不能留枝做树。

成型过程和成型后，要在枝叶较少的状态下养护好树根，才能保证巨大树体的树势，维持树体、树皮的生命活力。恶劣的天气要加些保护措施，夏季遮阳冬季保温，夏季保湿冬季保润，才能传世不衰。还需布置一些助长枝在后侧或不挡视线的地方，养护硕大的桩坯。定期修剪，轮换助长，

山脉是山形的最美形式，体量、姿态、变化、难度、老态具备问鼎之力，做好山顶天际线上的树形，就是天物。这样的天品就不要追求观果了，桩坯的姿形韵天天可看，百看不厌。

# 附　录

## 附录1　树桩盆景命名参考资料

在盆景的群众实践过程中，大量的爱好者、制作者、从业者制作出来的作品、成品没有命名，不能挖掘出作品的内涵和艺术价值。命名滞后，落后于制作是普遍现象。

命名是中国盆景的一大特色，与盆景的艺术特性息息相通，不命名深入不了作品的主题，反映不出作品的内涵。命名可以根据立意指导制作，可以极大地提高作品的艺术感染力，反映作者的思想，潜移默化心灵。命名道出神韵，提高观赏水平。不命名作品怎么联系观赏者与之进行沟通？甚或是引起思索？

命名难，对人的素质要求高，命名有规范，有方式方法，也有规律可寻。但也不是必然王国，有自由发挥的空间。这里撷取编写了一些命名的资料，但愿能供需要的人参考发挥，不屑者也可不以一顾。

## 丛林式

远望森林　走近森林　风云天际　天际线　九天揽月　高树入云端　林染春晖
云林岭幽　万木霜天　静林　劲林　远林枝劲　远林连绵　丛林染翠　林烟
峰林尽秀　峻岭幽林　春林有灵　林有韵气　画意落林间　风林　林风　惠林
涛声应林　烟林华影　层林尽染　小林别有天　静静的山林　斜阳穿林　望林
林染高阳　辉映丛林　林染春晖　一林好景　春到林海　林中游　林中生情
林涛　林泉高致　林山云烟　林吞林泉　沓林　退耕还林　地退林进　林进
深林　森波浩然　浩林　旷野林隐　森林海洋　林情高致　长林　层林染春
日照林染　醉林　林牵梦绕　云吞树海　树海　斜阳入林　春满林间　林回
报晖今日　长林满目　万林　巴岭渝春　森森　巴蜀秀林　怡情于林　浩瀚
平野林浩　林清气爽　入林染春　春林绕城　梦绕林海　聚林　林扶里　林下
林上　林间　林荫　林际　林域　林隅　林玩　林海　林泉　林野　林情林趣
林志　林至　林之情　林尚　林殇　林萦　林隐　林森森　天际深林　木林森

远林天际　　远影望林垣　　疏林漫步　　森屹茂林　　平野秀林　　野林化境　　长林
韵入林野　　林迤山野　　层林碧透　　伸手竟和树林玩　　阳光树林　　林海苍穹
平野迤林　　苍古野林　　林野休闲　　伴林

# 曲干式

扭曲拐摆　　竞挫　　竞激　　竞美　　竞自由　　竞韵　　竞曲　　竞幽　　竞风流　　竞风骚
树有风骨　　风韵树间生　　树风树韵　　风骨　　别样风韵　　顿挫抑扬　　扭姿溢韵
多姿　　曲美　　风流偶傥　　不尽曲俨　　清雅　　尽曲　　历尽曲折　　曲韵曲姿　　脉络
翻卷　　树中情深　　雅树节枝　　艺树涵渊　　旋律　　生命的旋律　　涡旋　　曲松如画
多曲　　狂澜　　曲逸　　曲屹　　曲怡　　曲池　　曲悬　　曲流山崖　　悬曲　　扭旋　　崖壁
岩崖畅想曲　　大地圣灵　　望崖　　灵动嵬崖　　崖壁生辉　　曲流山崖间　　曲淌山崖
咬定青山　　欺风　　山树韵　　山树情牵　　生韵　　伴崖　　俯首　　冷眼看下界　　探究
观沧桑　　观云澜　　不知时光　　高山仰止　　戏风　　弄韵　　舞风　　伴岭　　出神入化
历经曲折　　文人之风　　高风亮节　　文人风范　　曲折向上　　垂身俯首　　搏击
昂扬凌云

# 悬崖式

崖崈嵬跌　　激宕　　跌跃岩渊　　仰观起落　　落涧　　几起几落　　落魄　　跌宕起伏
竞跌　　竞坠　　跃起潭渊　　不驯　　游离风云间　　风韵　　风格　　风物　　闻声　　岩魂
古道遗韵　　临风不坠　　岩岭幽灵　　坐观起落　　落魂　　风起云涌　　云起潭渊
深渊飘绿云　　绿云飘岩　　天崖劲松　　云崖知　　云崖远眺　　远眺　　树摇绝壁
命悬一线　　旋律　　旋挂　　一线牵　　一线牵挂　　挂壁劲树　　迎风立绝壁　　对酌
一览树姿窈　　窈窕婀娜　　多姿　　临渊　　望崖　　秀云绕山崖　　苗岭秀　　起落山间
龙起山间　　激荡　　旋律　　旋曲　　悬奇　　玄妙　　清悬　　清泄　　下泄　　挂云　　有邻
龙游云岭　　峡谷幽景　　山有友邻　　山的幽灵　　山友　　相看　　远树可赏　　崖魂
飘渺云端　　树姿飘渺　　依稀可望　　峡谷藏幽　　悠游崖岭　　岩壑灵秀　　岩岭起韵
岭岩入眼　　韵起云骧　　魂韵伴岭　　飞姿　　飘飞云间　　挂岩　　挂岭　　起落云骧
入云　　大起大落　　跌宕起伏　　跌宕有姿　　落山悬岭　　探身云崖　　韵起山崖
韵起　　流荡的韵律　　姿韵出山间　　妙在山崖有奇葩　　云岭秀　　岭间巡游　　山间
悠然自得　　岩崖灵起　　妙姿入画理　　山里云端伴相知　　情起云岭　　高风亮节

高树入云端　眺望树姿窈　窈窕远影　窈窕君子　不折　柔荡　柔情涅槃
山间涅槃　咬定青山　顽石伴树　高山远树　悬树堪望　赏望野趣有山树
岩壑索意　山树间　岩壑寻幽来树中　岩壑探幽树石里　游荡山岭间　化龙
落树停云　流光逸彩　流落悬崖间　云起崖岭　树风无形　跌姿溢韵　跌岭
跌宕风云　跌荡激昂　悬翠滴韵　悬骨盈气　苍茫云山间　劲跌　泄瀑飞绿
岩岭精灵　跌跃生姿　逶迤岩壑　岩壑跌渊　韵落苍岩　陨落云崖　岩岭秀
山间云崖度苍生　山俏　悬律

# 树石式、树山式

群峰竞秀　尽秀　独峰竞秀　峻岭秀林　峻岭幽林　满山红果映江峡　月山树
秋风落叶果正红　古树迎秋风　飒爽劲秋　明月映山　山树掩明月　树入山月
树山升明月　树山月　山月映树　月中树山　月融树山　月伴树山　山间幽林
峻岭险树立　巉崖树立　树石雅趣　树石临风　山清树巍巍　崖峭树雄　遗韵
雄踞石间　树石图　画风　盆岭画风出　山树出画风　树山有遗韵　飞石入树
吟诗弄画树山里　含韵　一山飞峙　皮肉之苦　树融石合　树石情　树石之恋
依恋　恋树　山树一体　一山飞峙大江边　跃上葱茏　江山春色　屹立　伴树
形影不离　不离不弃　海誓山盟　地骨岭魂　山魂　崖嵬　两情相悦　陪树
树石情缘　有石则灵　树需石配　浩渺　岭野崛起　平野松秀　石间耸翠
岭间屹立　屹立山间　珠联璧合　南山岭上南山坡　石坚树苍　长岭树情
争春　室有树石雅　石坚树秀　五岭逶迤　乌蒙磅礴

# 诗意命名

青松为谁绿　青松赖华滋　不知松间韵　北挂云岭秀　尽着春色　邛岩生翠苔
易求千秋难觅一树　江边水流　锦江波冷洗琼魂　独对斜阳更惆怅　巴渝东边
洗波澜　梦魂常在渝江西　松魂香胜百花艳　烂漫柳园轻　玉垒献山川　望树
云中锦云叠　日观一树　一树风云烟波浩　大树面前诗画里　云林春色来天地
巴蜀果正红　乍占春风绿　巴山月　松风送雅　同根并肩　根壮势奇　试比高
势起苍莽　清影谐曲　孤立寒山雪　相视　缠绵　野韵　同根并肩　岩壑寻幽
孪生　势起苍野　岩壑游悠　崖上生悠　风雨不动安如山　风韵　风雅　雄粹
韵在商夏　雄翠　屹粹　雄览　雄横　傲世　守望河山　关山苍　山雨欲来

风雨欲来　观风　放眼望川　朗胜汉唐　动地歌　苍雄踞川　平野苍雄　求景
雄横映苍　苍雄映秀　雅景何求　索景雄秀中　苍横　横柯苍莽　苍茫云雾间
一览苍茫　尽苍茫　竟风流　云海间　苍海间　观苍雄　望雄　守望　屹雄
雄风乍起　苍雄初起　巴渝雄屹　巴渝凤雄　苍横映秀　野渡浓阴　巴山滴翠
云崖幽境　树茂映朝辉　亭亭玉立　林黛藏幽　便生渭川之想　寒林春来早
平地而起　云岭秀　奇峰独秀　山野清风　提篮献寿　醉卧山涧　天若惊鸿
清秀　碧浪千寻远山低　千山万树　千枝万节次第生　有情知望乡　踏歌行
孤峰悬翠　巴渝秋韵　老伴　上下随缘　刚柔相济　生命之春　百折不挠
晚霞春意　探胜　争妍　风姿雅韵　深林返影　曲折枯荣　田园曲　天道酬勤
天道祥和　交流　交谈　交欢　虚怀若谷　争春　俏春　闹秋　问道　问德
问春　天骄　锦绣前程　静林　欣欣向荣　鞠躬尽瘁　一林清风　深意得风
一树苍润势欲飞　苍茫空四邻　精魂化石　古树情怀　野马分鬃　乐在其中
乡韵　沧桑垂影　枯木新枝庆千喜　古蟒出蚰　落云　东岳魂　饱经风霜
新绿　森森古柏韵　罗汉魂　头角峥嵘　物华天宝　枯台洒绿　卧龙吻水
雄健　参松翠盖　丰条扶疏　翠岚疏影　六朝遗韵　迤韵　情同手足　亲源
独揽春色　珠帘滴翠　翠柏存傲骨　古木雄姿　冠柏　跃跃欲试　同根倍相亲
野芳幽幽　奇柯弄势　擎天汉魂　春风吹又生　仙风道骨　直节劲气　盼归
卧龙先生　一路欢歌上武陵　横斜生姿　黛色如盖　皓露夺幽色　崖壁寻幽
忘年　枫韵　前古风流说到今　思亲梦故乡　峻极壮丽　浮云飞渡　迎年得春
疏朗　黄山碧翠　剑云宵　枯荣千秋　丰韵飘逸　亭亭　共享天伦　踏歌行
福荫　春归富士　深壑松风　岱岳松魂　翠风岚影　寒风苍苍　我欲乘风归去
风骨伟岸　傲骨献春秋　虬枝舒展　仰天长啸　断崖惊瀑　云生霞蔚　涌翠
岿然独立　鸾舞惊蛇　倩影　永世情缘　祖国万岁　历尽风霜更知春　欲腾
云深不知处　后人凉　岁寒图　晚晴　横林待鹤归　才华横溢　高山流水
松壑风云　松壑风泉　神峰竞秀　风雨渔樵图　清流独咏今　云泉玉碧竞辉映
游龙戏水　上林小憩　闲看冬青落白花　满园春色　巧雅　艺苑集粹　耸亭盖
闲情逸致　闲庭信步　疏影入翠薇　回归自然　庭园春色　绿荫纷纷　青天歌
散点满枝绿　霓棠羽衣舞　逍遥飞渡　凝碧沉绿　千古兴亡　雄风吞七泽
漂逸浮云　亭盖　共叙天伦　层翠层浓　顶戴碧冠　森森直干　高入青冥
千山照月　万壑松风　声色起　奇姿怪态　竟傲霜　坚贞不屈　无限傲骨

几度浩劫　苍干现绿　春秋仍翠　扎地根深　壮怀　升腾韵舞　倾吹　依偎
涌翠凝香　缠绵情长　妖娆　俏丽　长空映树　天问　咫尺天涯　东榆看风
磐石势旋欲腾　青影飘浮　神采弈弈　风霜砥砺　知春　报春　塑春　探春
寻春　翠映碧天　俯身含首　仰天长啸　惠气安在　层波汇涛　动地诗　精灵
青葱横出　银河泻地　瀑挂前川　高亢壮丽　巨木横卧　缕干雕腹　洞壑样
参差高矮一丛林　傲然势蹁跹　青冠戴顶　幽幽屹屹　绿荫碧玉干　当行不止
古桩焕容颜　盆中蛟龙　横空黛色浓　古柏本性　六月唤清风　松本无风
深林听音　命脉　枯朽神奇　劫后余生　回天力　尽朝晖　探天　探涧　探地
探人间　探流　探渊　疑有精灵　古调谁弹　喷瀑急流　山清水秀　无心自闲
苍烟入画卷　向人间　更添风姿向人间　临水独坐　发吟咏之志　春风披靡
树石清华　山藏　乡情　乡恋　乡律　乡韵　气质盈溢　疏媚　密林森森
飞流直下　翠叶常春　壁秀　夕阳无限好　矗石迎客　凌云健笔意纵横　苍然
天高任鹤飞　赤壁呈瑞　春木载荣　春梅玲珑　鹤舞丹影　古榴情韵　笛岭情
夜郎古风　天高任鹤飞　流金岁月　苍龙岭　秋韵　枯木之春　壮志如钢
枯峦绿云飘　枯木逢春笑　鸟鸣树颠　苍龙闹海　红霞映翠　拂云　鸵颜弄舞
春树跃雀　多姿　曲根生辉　一树成林　武夷魂　天拄奇观　古调谁弹　追月
垂丝飘韵　艳荫蔽日　春的奉献　夏娟颂　横拖倒曳　天边光景应时新　呈翠
灵魂临风　乾坤一景　醉若眠　春情常在翠缕缕　怀古　松窗龙影　千头万绪
树理　树节　树律　独立垅上　泰沂春秋　茫茫烟雨叠黔山　故乡情怀　树气
千年风霜凝古意　云春欲雨翠成岚　天上人间　峨媚山月歌　我欲乘风归去
莺啼鹃鸣　霜欺叶落写真骨　辽阔江天　坚如磐石　山骨之根　树言志气
树志　树姿　琼瑶高华　高辉　高灵　高亢　高俊　高华　高耸　高爽　高挺
高透　高亢　高坤　高雅　高远　高扬　高瑞　高倩　高歌　高芳　高风
高德　高昂　高傲　高质　秋英凝红　瑶华格韵　逸气　逸韵　格雅启韵
含英吐翠　苍柯新翠　流英飞翠　流韵逸飞　流华　留恋　流淌　流韵飞英
流韵　流沁　流嵘　流淌　流派　流逝　流苏　流俗　流荡　流风　流光
流歌　流辉　鎏金　流连　流丽　流照　流向　流畅　流传　流彩　流翠
流年　流沁　流情　流华　风情　风清　龙囚渊谷　龙虬谷渊振欲飞　孤傲
长青耐岁　浓翠凝碧　凝气注韵　气昂千秋　松高苍穹　盘根节错　立地参天
一孤独翠　孤独留韵　横柯弄影　谷间游龙　劲节游龙　树清不染　老干化龙

凛然曲蟠　树声入梦　气节　气节凌云　气势若盘　青士　名仕　名士　高士
豪士　秦松汉韵　逸韵流风　遗风　遗风流气　松龟寿　擎日　姿色韵　垂青
诗画意　枯天荒地树自清　铁干虬骨　牵情　春催浓华　占春　荫郁森罗
弄晓　倚云　倚风　倚峰　高树凌风　惹风　树弄风情　瘦树梳风　西岭高树
苍树入心　折枝堪送　近月逐风　天低树高　情侣树　树兆年华　岁月沧桑
阅历资深　老有所长　仙风道骨　仙姿仙态　苍骨嶙峋　盛世年华　雨露滋润
苍茫入云　树兆　树下相与习　细韵流连　吟风颂韵　尤有它枝俏　依涧临溪
倚天异材　吟客送风　皆幽　欲憾风情　霈露　卓然傲枝　笼秋　新翠老柏
天姿韶雅　待客松　亭亭郁郁　风涛留声　横枝待风　翠流凌霄　知秋　藏春
别愁　知夏　翠黛　独立寒秋　松云凝影　阅树无涯　英华　本固枝荣　祥瑞
榴华献瑞　春风和鸣　献寿　献福　树灵人杰　龙腾大地　齐芳　岚气春晖
三春　腾辉　硕果　春风和满　春到巴渝　长春　春风得意　春色满园　溢寿
树华溢春　瑞贤　清雅　幽静　幽灵　幽谷　春色情愿　绿满华夏　绿化祖国
涌春　入云　天造地设　树致　桩作　树老头　复入云　润林　染春　淌春
销魂　问野　望野　顾盼生情　残存　树绪　环肥燕瘦　春到巴渝　巴岭涌春
英杰　雅趣　清纯　爽气　神清气爽　瓯倾树挺　树存瓯倾　倾瓯　倾树堪赏
树倾瓯破　树与缸子　凝诗固画　接岭　松风柏华　柏华　松华正茂　翠林
得日月辉　椰乡情思　古树金华　金弹年华　苍林锦绣　丰华　共济　同根
昌吉　昌盛　风范　风格　风骚　风情　风尚　风流　风凡　风入林海　椰风
风情月下　风物　风舞　风头　风情月下　风摇椰垂　椰乡新居　翠华春晖
风雷　云烟浩渺　独撑天宇　风华献瑞　高峰竞秀　嶂峰逸影　远眺春山
关山古柯　寒松幽谷　好山必树　苍岭傲然　苍穹浩然　崆岭山魂　曲婳仙姿
腾跃平野　欢跃岩岭　秋风留韵　赢得芳薇百世流　招魂赋韵　雾沃劲松
婵娟舞起　流连古雅魂　意气风发　昂扬　浩然正气　不忆春秋　往事越千年
韵秋　怡情以性　浸染　尽染秋风　峥嵘岁月稠　灵异世界　风摇树影婵娟舞
莽苍苍　与树唱和　与树论文

## 禅意的命名

大有　悟道　极乐世界　泽树　和乐坦荡　何陋树　造极　仰见千古　若眠
格物知致　卧游　凌云健笔意纵横　苍然　山藏　林空色暝　空黛色清　松逸

柳阴闲坐　曾经苍桑　江水流春去欲尽　何处春江无明月　青松悠悠为谁绿
阅世无数　坐思　静思　警世　树若空　树思　睹树思人　大虬　林空色暝
行止有度　独钓寒江雪　独酌　空灵秀幽　空灵　不了树　大悟　痴然　释然
释怀　空谷佳人　空山陌树　悟树何须物　悟树　不胜风雨　何须树　何须求
有树则鸣　树咏志　树有　树意不知处　鸟归林　林慧后代　风清树静　隐翠
清树留姿　影翠　高隐　士隐　别春　阅世　寒山远树孤影　一江山树心无愁
一览惆怅　惆怅以树　树魂的呼唤　树语树音化　树化知音　清馨　清心奈树
清新　树有清凉　树悟　悟树　树之悟　不斗秋华

# 附录2　金弹子品种果形图

　　通过对部分果形的展示了解金弹子各亚种之间不同的形状与颜色变化以及不同的栽培条件、时间阶段，果形变化的具体性状细节。

逐渐由绿变黄转红，部位不同变色有差别

整体变色比较同步

所处部位不一样果形、变色有区别

同一树果形不同

果大密集

两端溜圆的果形，少见

健性结果

结果多

两端大中间小的果形，有人俗称花生果

色调较黄的果子

深紫色果子　　　　　　双色果

辣椒果 色调艳丽的辣椒果

两种变化较大的果形

各种颜色的辣椒果

红色辣椒果

由绿变红时间晚的辣椒果

紫色辣椒果

金弹子果有各自的成熟周期

有形状变化的紫色果

紫色果

果形色调的差异

枣子形状的血红果　　　　　　　金弹子的车厘子果

圆形果

初秋变色期间

一果呈现两种颜色

基本变色

变色有先后

同时保持两种颜色的辣椒果

果形色调有差异

紫红色果

轻度血红的颜色入冬更紫

同一枝条结两种果

异形果

多种形状的果形汇集

灯笼果

同一部位果形的变化

果形变化

高山金弹子黄色小果种子不发育

# 附录3  金弹子的部分集散处

　　设置这部分内容的目的是便于读者进一步掌握金弹子的信息资源，便于互相学习交流产生互动。

　　成都温江胡世勋的三邑园林，生产大型金弹子树桩，地景树数量多，树形体态大，形态变化强，成熟度高。

　　成都金科花市，嫁接品种尤其多，罕见的有海椒果，稀有的车厘子紫色果。橄榄果、葫芦果、冬瓜果、长果、灯笼果、圆形果、血红果、椭圆果、卵形果、枣子果、花生果等各种果形都能见。

成都金科花市一角

　　成都金科花市杨凯古韵园，地处成都金牛区，中小型金弹子盆景精良，销售数量多，经营时间久。

　　成都春天花市，经营面积大，经营盆景的商店多，设有盆景专卖区域，金弹子和各类树桩盆景展销集中。

　　四川的南部宜宾、泸州下属各市县出产金弹子。重庆市的江津、巴南、綦江、酉阳、秀山、黔江、彭水、石柱等多金弹子资源，且多大型好桩坯。

左宏发盆景园一角

　　左宏发盆景园，地处湖北，多金弹子盆景，制作成熟，知名度高。

　　成都魏明远的佰仁园艺，根艺中小型金弹子多，造型见枝蟠枝，车厘子果即见于这个园子。车厘子

魏明远佰仁园艺

金科花市魏明远佰仁园艺出现的车厘子果，果色纯紫。与血红果颜色区别明显，右图即为血红果，色差对比的区别程度

果是种子自然杂交选育出来的金弹子罕见品种，刚面世不久。色彩紫红，果形圆，酷似水果车厘子，品种独特，观赏性强。

重庆市铜梁区黄葛门盆景园，地处铜梁区巴岳山下，园主左世新，金弹子根艺盆景为代表，制作销售型，数量多质量好。

黄葛门盆景园

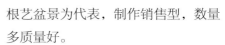
摄影　左世新

高云楼顶盆景园，地处南岸区4公里，私家园子，金弹子异形式数量多、质量好、体态大、难度高，国内久负盛名，吸引了国内不少大师的眼球，促进了金弹子盆景的发展，以制作观赏为主也可销售。高难度的壁挂金弹子盆景也是其一大特色。

高云楼顶盆景园一角　　　　　　谭守成楼顶私家盆景园一角

谭守成楼顶私家盆景园，属制作型的，地处九龙坡区金凤镇，作品造型精良，选桩讲究。在重庆知名度高。

孙德柱楼顶盆景园，地处江北区，制作强，造型放养优良，难度高，在重庆知名度高。

吴清昭中国永川盆景博览园，金弹子资源多，体量大，难度高，国内知名度高。以收藏为主，有走向世界的实力。

王其富私家盆景园，地处渝北区鸳鸯，以收藏高端精品而著名。

重庆主城区江北洋河是金弹子主要集散地，山民常年有下山金弹子桩坯出售，质量较好，产地广，数量多。每周六赶场寻桩坯的人多气旺，是金弹子桩坯及成品的重要市场。

重庆人和花市，人和花园新建的不以营利为目的，带有公益性质的永久公园型花市，服务于市民，公园市场相结合让人得到休闲的好去处。地处龙头寺，有金弹子桩坯和成品罗汉松集散。

重庆江北盘溪花市是一个新起专业的固定花市，金弹子的成品汇集多，经营永久性。将来是重庆金弹子的主要商业集散地。

重庆巴南界石花卉大世界，有经营金弹子的专业商店，兼营的商家多。

洋河花市任德华盆景销售商店，制作入画，简洁潇洒，重景布局，常有自作和改作的好作品面世。

洋河花市穆恒盆景销售商店，与桩坯人员联系多，大中型作品产品流通多，交易好。

成都青石桥花市常年有金弹子小桩坯出售，但数量不多，质量一般。成都市场桩坯送货上门和产地收购形式多，没有形成重庆那样的定期赶场形式的交易。

重庆各区市如铜梁、合川花市赶集有金弹子桩坯出售。

贵州出产高山金弹子多，体态大、质量好，各地挖桩不断，时有好桩，收桩人多，还有代理收购和代卖。湖南、湖北靠近四川、重庆方向也有金弹子桩坯出产。

罗世泉私家楼顶盆景园，地处南岸区海棠溪，收集观赏型为主，大中小形式齐全，选桩优良，用盆有风格，数量多、质量好，有韵味。

简木生楼顶盆景园，地处重庆市大渡口区，制作销售，数量多质量好。

重庆洋河花市一角

老果果楼顶盆景园，制作型，地处沙坪坝高滩岩，多年收集，数量较多。

杨进私家盆景小园，地处巴南区土桥，数量适中，讲究桩坯质量，制作销售性质。

祝贵祥、姚志安盆景园，地处北碚区，中型盆景园，以制作销售为方向，可以代为制作。

张玲麟楼顶盆景园，属制作玩耍型，金弹子养护、育根技术令人信服。

代维权金弹子盆景园，地处巴南区，交易和制作并行，也有小苗育桩。

代得利利苑家庭盆景园，地处巴南区茶园，属收集观赏型。

杨正华楼顶私家盆景园，地处渝中区储奇门，私人收集观赏，作品成熟度高。

田世万楼顶家庭盆景园，地处江北区，中型为主，质量好、数量多，制作

洋河花市任德华的销售作品

百花潭川派盆景园，照壁后是川派盆景博物馆

成熟，收集观赏。

腾彩明盆景园，地处綦江区三角镇，大型金弹子数量多，制作销售，收集量曾居西南之最。

百花潭公园川派盆景园，地处成都武侯区，常年展出具有川派特色的金弹子盆景，经常举办盆景展览。园内的川派盆景博物馆保存和展出盆景的部分历史文物资料。

曹明君践园，地处江津区五举沱，金弹子小苗育桩为主，制作小曲干和中型丛林。

重庆和成都城市周边有不少分散的个人经营的金弹子盆景园子，生产制作收藏销售，质量数量不等。

长江下游的江苏、浙江、安徽、上海有与金弹子相同属性的老鸦柿，生长、性状、盆景学特性都跟金弹子一样。只有落叶的特性不同，老鸦柿冬季低温掉叶，金弹子常绿。老鸦柿结果好，果形多变，但树桩体态小，未见大桩，属于小灌木。现在当地业

产地的盆景展览是金弹子作品露面的时机

内很流行，日本台湾对老鸦柿有品种引进，未见好桩坯材料的出现。

　　金弹子分布在川东和川南多，川北少，川西高寒更少。得到好桩需要信息、耐心、眼光、人脉关系、经济实力和机遇。川南的宜宾、泸州及成都周边的温江、郫县、乐山、邛崃、安农、大邑等地都有资源。

　　值得一提的资源在民间是分散的，藏龙卧虎的民间盆景是资源的集散方式，许多不知名的爱好者碰到好桩，买到手，制作出来的偶然性强，也是构成金弹子盆景群众性的特性。千百年来树桩盆景流传不绝，金弹子盆景具有的以有生命的树木为主要材料的艺术品，注定要延续，成为中华文化最有特色的内容之一，金弹子盆景作为树桩盆景一部分，而且是最优良的一部分，它的传承是必然的，期待今后金弹子盆景更加繁荣昌盛，走进千家万户，走进人们的生活。